广东100种
常见湿地植物图鉴

王喜平　胡喻华 ■主编

中国林业出版社
China Forestry Publishing House

图书在版编目（CIP）数据

广东100种常见湿地植物图鉴 / 王喜平，胡喻华主编.
北京：中国林业出版社，2024. 12. -- ISBN 978-7
-5219-2999-7

Ⅰ．Q948.526.5-64

中国国家版本馆CIP数据核字第2024FT4802号

责任编辑：于晓文　于界芬

出版发行：中国林业出版社
（100009，北京市西城区刘海胡同7号，电话010-83143542）
电子邮箱：cfphzbs@163.com
网址：https://www.cfph.net
印刷：北京博海升彩色印刷有限公司
版次：2024年12月第1版
印次：2024年12月第1次
开本：787mm×1092mm 1/16
印张：10.5
字数：200千字
定价：98.00元

广东100 种 常见湿地植物图鉴

编委会

主　　编	王喜平　胡喻华
副 主 编	丁　胜　张春霞
编　　委	余瑞娟　何莹泉　华国栋　赵　艳
	屈　明　方　震　朱卫东　陈钰皓
	刘曼红　谭开源
图片提供	徐晔春　曾佑派　胡喻华　刘锡辉
	陈炳华　孙观灵

前 言

　　湿地是重要自然生态系统，是维护区域生态安全的重要基础，在涵养水源、调节气候、储碳固碳、维护生物多样性和为人类提供生产生活资源等方面发挥着重要作用。

　　从2022年以来，国家林业和草原局每年组织开展全国性的林草湿调查监测工作，其中湿地资源调查监测是以"国土三调"湿地数据融合成果为基础，开展湿地地类核实及湿地属性因子调查，查清湿地资源的种类、数量、结构、分布、质量、功能、保护与利用状况及其消长动态和变化趋势，植被类型、植物种类及群落结构是调查监测中的重要因子之一，通过每年的调查监测，可较清晰地掌握湿地植被、植物等资源情况，全面摸清湿地资源本底，为广东省湿地资源"一套底数""一张图"提供基础数据，也为科学有效地开展湿地保护管理、生态修复和可持续发展提供决策依据。

　　党的十八大以来，习近平总书记从生态文明建设的整体视野提出"山水林田湖草是一个生命共同体"的系统理论思想，强调"统筹山水林田湖草系统治理""全方位、全地域、全过程开展生态文明建设"。广东湿地是全国湿地资源最为丰富的省份之一，广东省委、省政府深入贯彻落实以习近平同志为核心的党中央关于生态文明建设和湿地保护修复的决策部署，将湿地保护修复作为推动全省高质量发展和生态文明建设的重要内容，不断健全湿地保护制度，实行湿地分级管理，构建湿地保护体系，有效推进湿地保护修复，取得了良好成效，为经济社会可持续发展奠定了扎实基础。保护好广东湿地、维护湿地健康，对保障区域生态安全、改善生态状况、促进经济社会可持续发展、实现人与自然和谐共生的现代化具有重要意义。

　　广东湿地类型多样，孕育了丰富的湿地植物。沿海滩涂分布红树植物、盐碱植物；河流湖泊中有各种沉水、浮水、挺水的水生植物；河岸、湖岸、河心洲有湿生植物；山区沼泽地还有沼泽植物。据《广东湿地植物》记载，广东省有湿地植物112科583

种8亚种18变种，约占广东省高等植物的1/10。各种湿地植物既构成了不同湿地植物群落，为湿地野生动物提供了栖息地，又是湿地生态系统的组成部分，也发挥着重要的生态和景观作用。

本书为便于大家查阅使用，按照自然资源部印发的《国土空间调查、规划、用途管制用地用海分类指南》中湿地类型进行分类排列，即将100种常见湿地植物归为7大类：森林沼泽，灌丛沼泽，沼泽草地和内陆滩涂，其他沼泽地，河流水面和湖泊水面，沿海滩涂及红树林地。其中，红树林地、沿海滩涂、森林沼泽、灌丛沼泽等类型常见湿地植物全部纳入，其他类型的湿地则主要选择建群种、优势种。每种植物均列出中文名、学名、科属、形态特征、生境、分布等，同时尽量附上其全株、花、果等照片，以供识别。植物科、属主要采用基于分子数据建立的现代流行分类系统，即蕨类植物按PPG I系统(2016)，裸子植物按GPG I系统(Christenhusz，2012)，被子植物按APG IV(2016)系统。

本书编写人员具有多年野外湿地调查监测经验，积累了丰富的湿地植物素材，同时收集相关书籍文献等资料，整理出了广东省常见的100种湿地植物，指导林草湿综合调查监测及湿地专项调查中的植物种类识别，从而提高湿地调查监测的质量。

本书可供湿地管理人员、调查监测专业技术人员和广大湿地植物爱好者查阅，也可作为大中小学生的科普读物。

在本书的编写过程中，华南国家植物园、广东省农业科学院环境园艺研究所等单位的多位老师给予了深切关怀与热忱帮助，在此一并感谢。由于时间仓促、编者水平所限，实际收录的湿地植物尚不能全部涵盖广东省的优势种类，书中还存在错漏之处，我们诚恳地期望广大读者能够不吝赐教，对本书提出宝贵的批评与建议。

编　者

2024年12月

目 录

第一部分
广东湿地与湿地植物概述

一、广东湿地

广东省位于大陆最南端，北倚南岭、毗邻南海，河流水系发达，海岸线绵长，河口港湾众多，滩涂海岛广布，是我国湿地类型最齐全、湿地面积较大的省份。

（一）湿地资源现状

广东省湿地资源丰富，类型多样。根据 2021 年度国土变更调查结果，广东省湿地总面积 190.68 万 hm²，占全国湿地总面积的 3.38%；湿地类型有红树林地、森林沼泽、灌丛沼泽、沼泽草地、沿海滩涂、内陆滩涂、其他沼泽地、河流水面、湖泊水面、水库水面、坑塘水面（不含养殖水面）、沟渠、浅海水域 13 个类型，各类湿地面积及比例如图 1、表 1。其中，分布于沿海地区的浅海水域、沿海滩涂和红树林总面积 87.50 万 hm²，约占全省湿地总面积的 45.88%，广东是全国红树林分布面积最大的省份；坑塘水面、河流水面、水库水面是内陆湿地的主要类型，总面积 91.47 万 hm²，占全省湿地总面积的 47.96%。

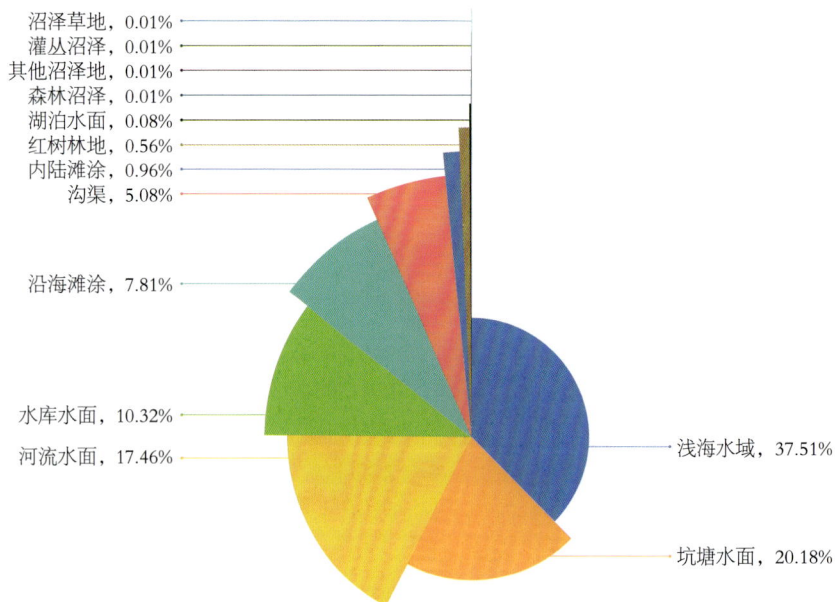

图1　广东省各类湿地面积比例示意

　　全省湿地面积统计范围为"全口径湿地范围"，按照《国土空间调查、规划、用途管制用地用海分类指南》地类划分，主要包括三部分：一是"湿地"中的红树林地、森林沼泽、灌丛沼泽、沼泽草地、沿海滩涂、内陆滩涂、沼泽地 7 个二级地类，共 17.84 万 hm²；二是"水域"中河流水面、湖泊水面、水库水面、坑塘水面（不含养殖水面）、沟渠 5 个二级地类，共 101.29 万 hm²；三是浅海水域（低潮时水深不超过 6 m 的海域，以海洋基础测绘成果中的 0 m 等深线及 5 m、10 m 等深线插值推算）71.55 万 hm²。

　　按行政区统计（不含浅海水域），各地级市湿地面积最大的依次为湛江市、江门市、肇庆市、惠州市、河源市等（表 2）。

表 1　广东省各类湿地面积

序号	湿地类型	面积（hm²）	占比（%）	备注
1	浅海水域	715509.31	37.51	
2	坑塘水面	384857.69	20.18	
3	河流水面	332955.78	17.46	
4	水库水面	196844.81	10.32	
5	沿海滩涂	148850.26	7.81	"国土三调"湿地分类
6	沟渠	96836.14	5.08	
7	内陆滩涂	18331.09	0.96	"国土三调"湿地分类
8	红树林地	10624.84	0.56	"国土三调"湿地分类
9	湖泊水面	1431.04	0.08	
10	森林沼泽	181.26	0.01	"国土三调"湿地分类
11	其他沼泽地	147.09	0.01	"国土三调"湿地分类
12	灌丛沼泽	129.90	0.01	"国土三调"湿地分类
13	沼泽草地	118.19	0.01	"国土三调"湿地分类
	合　计	1906817.40	100	

表 2　广东省湿地面积及主要湿地类型统计

序号	地级市	面积（hm²）	主要湿地类型（按面积大小排序）
1	湛江市	184608.03	沿海滩涂、坑塘水面、水库水面
2	江门市	125972.05	坑塘水面、河流水面、水库水面
3	肇庆市	76425.46	坑塘水面、河流水面、沟渠
4	惠州市	73312.82	坑塘水面、河流水面、水库水面
5	河源市	70966.27	水库水面、河流水面、坑塘水面
6	广州市	69203.32	河流水面、坑塘水面、水库水面

（续）

序号	地级市	面积（hm²）	主要湿地类型（按面积大小排序）
7	茂名市	64948.47	坑塘水面、河流水面、水库水面
8	清远市	64571.30	河流水面、坑塘水面、水库水面
9	阳江市	57775.05	坑塘水面、河流水面、水库水面
10	韶关市	52064.69	河流水面、坑塘水面、水库水面
11	佛山市	46780.94	河流水面、坑塘水面、沟渠
12	汕尾市	42377.86	坑塘水面、河流水面、水库水面
13	珠海市	41893.58	坑塘水面、河流水面、沿海滩涂
14	梅州市	40308.90	河流水面、坑塘水面、水库水面
15	揭阳市	33535.92	坑塘水面、河流水面、水库水面
16	汕头市	31392.27	河流水面、坑塘水面、沿海滩涂
17	潮州市	28380.90	坑塘水面、河流水面、沿海滩涂
18	东莞市	23339.54	河流水面、水库水面、沟渠
19	云浮市	22055.58	河流水面、坑塘水面、沟渠
20	中山市	21679.42	河流水面、坑塘水面、水库水面
21	深圳市	11915.05	水库水面、沿海滩涂、坑塘水面
	浅海水域	715509.31	—
	东沙岛及其他岛屿	7800.67	—
	广东省	1906817.40	浅海水域、坑塘水面、河流水面、水库水面

注：各地级市湿地面积统计不包括浅海水域。

（二）湿地保护现状

广东省历来重视湿地资源保护。2006年，广东省颁布了《广东省湿地保护条例》，建立了综合协调、分部门管理的湿地保护体制，截至2022年历经第三次修订，为湿地保护打下了坚实的基础。近年来，广东省湿地保护体系日益完善，建立了以湿地类型自然保护区、湿地公园为主体，以湿地资源为特色的森林公园等其他保护形式为补充的湿地保护体系。截至2023年年底，全省已有国家湿地公园27处，省级湿地公园6处；湿地分级管理体系初步建立，其中国际重要湿地6处（广东湛江红树林国际重要湿地、广东惠东港口海龟国际重要湿地、广东海丰国际重要湿地、广东南澎列岛国际重要湿地、广东海珠国际重要湿地、广东深圳福田红树林国际重要湿地）、国家重要湿地3处（广东省珠海市中华白海豚国家重要湿地、广东深圳福田红树林国家重要湿地、广东省南雄市孔江国家重要湿地）、省重要湿地27处。

二、相关概念

（一）湿地

（1）《关于特别是作为水禽栖息地的国际重要湿地公约》（简称《湿地公约》）采用广义的湿地定义，是指天然或人工、长久或暂时的沼泽地、湿原、泥炭地或水域地带，带有或静止或流动，或为淡水、半咸水或咸水水体，包括低潮时水深不超过 6 m 的水域。

（2）《中华人民共和国湿地保护法》所称湿地，是指具有显著生态功能的自然或者人工的、常年或者季节性积水地带、水域，包括低潮时水深不超过 6 m 的海域，但是水田以及用于养殖的人工的水域和滩涂除外。

（3）《第三次全国国土调查技术规程》（TD/T 1055—2019）中的湿地，是指红树林地，天然的或人工的，永久的或间歇性的沼泽地、泥炭地，盐田，滩涂等。

（4）《国土空间调查、规划、用途管制用地用海分类指南》（自然资源部，2023）中的湿地，是指陆地和水域的交汇处，水位接近或处于地表面，或有浅层积水，且处于自然状态的土地。目前，广东省湿地调查监测均按此定义进行类型和范围调查。

（二）湿地生境

它是指湿地中的物种或物种群体赖以生存的生态环境。

（三）湿地植物

它是指栖息于湿地环境并完成大部分生活史的植物（包括水生植物、湿生植物和沼生植物）。

（四）湿地植被

它是指湿地环境中生长的植被。

（五）森林沼泽

它是指以乔木森林植物为优势群落且郁闭度不小于 0.1 的淡水沼泽。

（六）灌丛沼泽

它是指以灌丛植物为优势群落且覆盖度 ≥ 40% 的淡水沼泽。

（七）沼泽草地

它是指以天然草本植物为主的沼泽化的低地草甸、高寒草甸。

（八）内陆滩涂

它是指河流、湖泊常水位至洪水位间的滩地，时令湖、河洪水位以下的滩地，以及水库、坑塘的正常蓄水位与洪水位间的滩地。包括海岛的内陆滩地，不包括已利用的滩地。

（九）其他沼泽地

它是指除森林沼泽、灌丛沼泽和沼泽草地外，地表经常过湿或有薄层积水，生长沼生或部分沼生和部分湿生、水生或盐生植物的土地，包括草本沼泽、苔藓沼泽、内陆盐沼等。

（十）河流水面

它是指天然形成或人工开挖河流常水位岸线之间的水面。不包括被堤坝拦截后形成的水库区段水面。

（十一）湖泊水面

它是指天然形成的积水区常水位岸线所围成的水面。

（十二）沿海滩涂

它是指沿海大潮高潮位与低潮位之间的潮浸地带。包括海岛的沿海滩涂，不包括已利用的滩涂。

（十三）红树林地

它是指沿海生长红树植物的土地，包括红树林苗圃。

三、广东湿地植物与植被

湿地植物较适应于过湿的土壤环境，广泛分布于各类湿地，尤其是水体、沼泽和水陆交错带的生境。它们构成了湿地生态系统的关键组成部分，在湿地生态功能的维系与发挥方面起着举足轻重的作用，同时也是湿地景观的核心要素。广东省湿地生态类型极为丰富，不仅涵盖淡水类型的生境，还包括海洋类型的生境，以及咸淡水交汇的独特生境。在此多样化的生态条件下，广东省湿地植物呈现出极高的物种多样性，其中不乏一些珍稀濒危植物。据统计，广东省湿地高等植物种类多达 600 余种。其中，红树林植物种类 15 科 27 种，种类数量仅次于海南省。近年来，随着珍稀红树植物的引种与繁育工作日益受到重视，红树林植物种类有所增加。

（一）广东省湿地植物及其分布

1. 广东湿地植物种类

由于对湿地植物这一定义理解的宽泛程度不同，广东省湿地植物（不含藻类植物）的种类数据不一。《广东省湿地维管植物资源现状及保护利用》（袁晓初 等，2018）记录广东省有湿地维管植物 96 科 240 属 352 种；《广东湿地植物的多样性研究》（胡喻华 等，2020）记录广东省有湿地高等植物 94 科 257 属 627 种；《广东湿地植物》（王瑞江，2021）记录广东省湿地植物有 112 科 336 属 609 种（含种下等级）。究其原因，主要是对湿生植物，即生长在河漫滩、河心洲、草甸的湿地植物的范围把握不一。

广东湿地植物类型多样、种类丰富，无论是沿海滩涂的海草、红树、半红树植物，或是滩涂后缘的耐盐植物、河口三角洲的潮间盐水沼泽、森林沼泽，抑或是内陆典型的淡水水生植物和沼生植物，均有丰富的种类和代表。

2. 广东珍稀濒危植物

广东省湿地植物有一些是重点保护和珍稀濒危种类，如水松（*Glyptostrobus pensilis*）是国家一级保护野生植物，水蕨（*Ceratopteris thalictroides*）、细果野菱（*Trapa incisa*）、莼菜（*Brasenia schreberi*）、龙舌草（*Ottelia alismoides*）、野生稻（*Oryza rufipogon*）、珊瑚菜（*Glehnia littoralis*）是国家二级保护野生植物，睡莲（*Nymphaea tetragona*）、猪笼草（*Nepenthes mirabilis*）是广东省重点保护野生植物，睡莲、莼菜、野生稻、珊瑚菜、宽叶泽薹草（*Caldesia grandis*）、中华萍蓬草（*Nuphar pumila* subsp. *sinensis*）、广西隐棒花（*Cryptocoryne crispatula* var. *balansae*）等种类被评估为极危或濒危，是需要优先进行保护拯救的种类。

（二）广东省主要湿地植被及其分布区域

广东省湿地植被类型多样，从沿海的红树林、海草床、盐水沼泽，到三角洲的森林沼泽、草本沼泽，到河流湖泊的水生植被，再到山地沼泽，构成一个完整的生态序列。广东省湿地植被类型主要包括 7 个湿地植被型组 14 个湿地植被型 60 多个群系。

1. 针叶林湿地植被型组
■ 暖性针叶林湿地植被型

水松群系（Form. *Glyptostrobus pensilis*）：主要分布于珠江三角洲河流及小型河道中。

落羽杉群系（Form. *Taxodium distichum*）：主要分布于珠江三角洲的河流及小型河道两岸，常与池杉（*Taxodium distichum* var. *imbricarium*）混生。

水松群系

落羽杉群系

2. 阔叶林湿地植被型组
■ 落叶阔叶林湿地植被型

粤柳群系（Form. *Salix mesnyi*）：分布于粤北的山地沼泽、河漫滩。

四子柳群系（Form. *Salix tetrasperma*）：分布于顺德、江门的河道中。

枫杨群系（Form. *Pterocarya stenoptera*）：分布于粤北的河流两岸。

■ 常绿阔叶林湿地植被型

榕树群系（Form. *Ficus microcarpa*）：分布于珠江三角洲河网中。

水翁群系（Form. *Syzygium nervosum*）：分布于全省的河流、库塘两岸。

四子柳群系

3. 竹林湿地植被型组

粉单竹群系（Form. *Bambusa chungii*）：在省内分布比较普遍，常栽植于海拔 500 m 以下的河流两岸。

青皮竹群系（Form. *Bambusa textilis*）：在东江、西江、北江、韩江两岸均有分布，但主要分布于绥江流域江河沿岸，垂直分布一般在海拔 300 m 以下，以广宁县最多。

撑篙竹群系（Form. *Bambusa pervariabilis*）：主要分布于珠江流域的中下游两岸，以广宁、封开、郁南、四会等地分布较多，是广东人工栽培的主要用材竹种之一。

粉单竹群系

4. 灌丛湿地植被型组

- 落叶阔叶灌丛湿地植被型

马甲子群系（Form. *Paliurus ramosissimus*）：分布于韶关、河源、肇庆等地水库的库岸。

- 常绿阔叶灌丛湿地植被型

野牡丹群系（Form. *Melastoma malabathricum*）：分布于全省的山地沼泽中。

- 盐生灌丛湿地植被型

南方碱蓬群系（Form. *Suaeda australis*）：分布于粤西的沿海滩涂的后缘，常见伴生植物有海马齿（*Sesuvium portulacastrum*）、匍匐滨藜（*Atriplex repens*）等。

南方碱蓬群系

狭叶尖头叶藜群系（Form. *Chenopodium acuminatum* subsp. *virgatum*）：分布于惠州的沿海沙质滩涂上。

露兜树群系（Form. *Pandanus tectorius*）：分布于全省岩石性海岸中。

厚藤群系（Form. *Ipomoea pes-caprae*）：广布于全省的沿海沙质滩涂，伴生植物有单叶蔓荆（*Vitex rotundifolia*）。

单叶蔓荆群系（Form. *Vitex rotundifolia*）：广布于全省沿海的沙质滩涂上。

匍匐滨藜群系（Form. *Atriplex repens*）：分布于沿海的沙滩、泥滩的后缘。

厚藤群系

单叶蔓荆群系

5. 草丛湿地植被型组

- 莎草型湿地植被型

短叶茳芏群系（Form. *Cyperus malaccensis* subsp. *monophyllus*）：分布于沿海滩涂、河口。

鳞籽莎群系（Form. *Lepidosperma chinense*）：分布于全省山地沼泽中。

龙师草群系（Form. *Eleocharis tetraquetra*）：分布于全省山地沼泽中。

- 禾草型湿地植被型

芦苇群系（Form. *Phragmites australis*）：分布于广州、珠海、江门、中山等地沿海河口中，

短叶茳芏群系

芦苇群系

常形成单优群落。

双穗雀稗群系（Form. *Paspalum distichum*）：主要分布于中山沿海一带。

卡开芦群系（Form. *Phragmites karka*）：主要分布于广州南沙、中山的河岸滩涂和围垦养殖塘的堤岸边。

芦竹群系（Form. *Arundo donax*）：分布于全省的河漫滩、河岸。

李氏禾群系（Form. *Leersia hexandra*）：分布于全省的湖泊、河流两岸。

铺地黍群系（Form. *Panicum repens*）：分布于全省的湖泊、河流两岸。

互花米草群系（Form. *Spartina alterniflora*）：分布于湛江、江门等地的沿海滩涂上。

■ 杂类草湿地植被型

田葱群系（Form. *Philydrum lanuginosum*）：分布于全省山地沼泽中，伴生植物有鳞籽莎等。

水蓼群系（Form. *Persicaria hydropiper*）：分布于全省的河漫滩、河流及小型河道两岸，伴生植物有竹节菜（*Commelina diffusa*）、毛草龙（*Ludwigia octovalvis*）等种类。

竹节菜群系（Form. *Commelina diffusa*）：分布于全省的河漫滩、河流两岸，伴生植物有野芋（*Colocasia antiquorum*）、草龙（*Ludwigia hyssopifolia*）等种类。

卡开芦群系

铺地黍群系

互花米草群系

竹节菜群系

酸模叶蓼群系（Form. *Persicaria lapathifolia*）：分布于全省的河漫滩、河流及小型河道两岸，伴生植物有水蓼、毛蓼（*Persicaria barbata*）等种类。

水烛群系（Form. *Typha angustifolia*）：分布于全省的河漫滩、河流及小型河道两岸。

水芹群系（Form. *Oenanthe javanica*）：全省均有分布，生长在河流两侧。

野芋群系（Form. *Colocasia antiquorum*）：广泛分布，生长在河流、运河、输水河两侧、库塘周边，常可见其伴生植物有水蓼和铺地黍等。

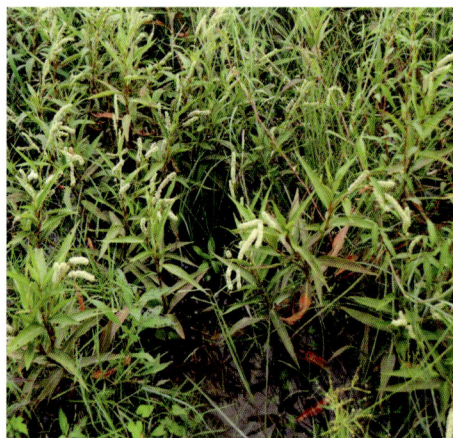

酸模叶蓼群系

6. 浅水植物湿地植被型组

■ 漂浮植被型

大藻群系（Form. *Pistia stratiotes*）：广泛分布于全省的河流、河涌和池塘水面，成片生长，常与凤眼蓝（*Pontederia crassipes*）混生。

槐叶蘋群系（Form. *Salvinia natans*）：主要分布于全省的水稻田中，伴生植物有紫萍（*Spirodela polyrhiza*）和无根萍（*Wolffia globosa*）等。

浮萍群系（Form. *Lemna mino*）：广泛分布于全省的河流、池塘、沟渠、水稻田中，成片生长。

凤眼蓝群系（Form. *Pontederia crassipes*）：广泛分布于全省的河流、池塘、沟渠、水稻田中，成片生长。

凤眼蓝群系

▪ 浮叶植物型

睡莲群系（Form. *Nymphaea tetragona*）：分布于韶关、清远海拔 800 m 以上的山地沼泽中。

莼菜群系（Form. *Brasenia schreberi*）：分布于韶关的山地沼泽中，伴生植物有睡莲、黄花狸藻（*Utricularia aurea*）等种类。

水皮莲群系（Form. *Nymphoides cristata*）：零星分布于广州、韶关、肇庆、清远等地的湖泊、池沼中。

金银莲花群系（Form. *Nymphoides indica*）：零星分布于广州、肇庆、清远、阳江等地的湖泊、池沼中。

水龙群系（Form. *Ludwigia adscendens*）：分布于全省河流、湖泊中。

空心莲子草群系（Form. *Alternanthera philoxeroides*）：分布于全省的池塘、小型河道中。

芡实群系（Form. *Euryale ferox*）：肇庆一带栽培较多。

睡莲群系

莼菜群系

水皮莲群系

芡实群系

莲群系

莲群系（Form. *Nelumbo nucifera*）：全省广泛栽培。

- 沉水植物型

竹叶眼子菜群系（Form. *Potamogeton wrightii*）：分布于北江及其支流中。

苦草群系（Form. *Vallisneria natans*）：分布于东江及其支流中。

黑藻群系（Form. *Hydrilla verticillata*）：分布于全省的河流、湖泊、池沼中。

金鱼藻群系（Form. *Ceratophyllum demersum*）：分布于全省的河流、湖泊、池沼中。

穗状狐尾藻群系（Form. *Myriophyllum spicatum*）：分布于沿海荒废的咸围、虾塘中，常形成单优群落。

黄花狸藻群系（Form. *Utricularia aurea*）：分布于全省的河流、湖泊、水库中。

菹草群系（Form. *Potamogeton crispus*）：分布于东江、北江及其支流中。

- 海草床

贝克喜盐草群系（Form. *Halophila beccarii*）：分布于珠海、湛江、江门等地的沿海滩涂。

竹叶眼子菜群系

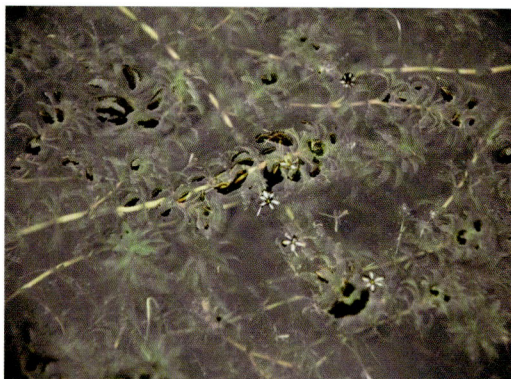

黑藻群系

7. 红树林湿地植被型组

▪ 红树林湿地植被型

海榄雌（白骨壤）群系（Form. *Avicennia marina*）：全省分布广、面积大，多生长在海滩前缘。

蜡烛果（桐花树）群系（Form. *Aegiceras corniculatum*）：全省多有分布，多生长在淤泥较为硬实的靠岸地带。

秋茄树（秋茄）群系（Form. *Kandelia obovata*）：全省多有分布，多为茂密的高大灌丛，生长在淤泥较多的中低潮滩。

海漆群系（Form. *Excoecaria agallocha*）：全省均有分布，生长在红树林湿地的堤岸边高潮带。

老鼠簕群系（Form. *Acanthus ilicifolius*）：广泛分布于红树林湿地的外缘或红树林遭破坏后的迹地。

海榄雌（白骨壤）群系

蜡烛果（桐花树）群系

秋茄树（秋茄）群系

海漆群系

红海榄群系

无瓣海桑群系

对叶榄李（拉关木、拉贡木）群系

卤蕨群系（Form. *Acrostichum aureum*）：在红树林湿地的边缘或高潮线近堤岸边，或内陆河涌出海口处。

红海榄群系（Form. *Rhizophora stylosa*）：分布于湛江、惠州等地，生长在中外滩。

木榄群系（Form. *Bruguiera gymnorhiza*）：分布于惠州、湛江、阳江等地，生长在滩涂的后缘。

角果木群系（Form. *Ceriops tagal*）：分布于湛江流沙港，伴生植物有白骨壤。

无瓣海桑群系（Form. *Sonneratia apetala*）：全省均有分布，是引进栽植的红树林群落。

对叶榄李（拉关木、拉贡木）群系（Form. *Laguncularia racemosa*）：分布于广州、珠海、汕头、湛江、茂名等地，是引进栽植的红树林群落。

银叶树群系（Form. *Heritiera littoralis*）：分布于深圳、湛江、汕尾等地，生长在高潮线附近的潮滩内缘。

海杧果群系（Form. *Cerbera manghas*）：广东省沿海多有分布，生长在红树林湿地高潮线以上的堤岸上，常呈带状或丛状生长。

黄槿群系（Form. *Talipariti tiliaceum*）：广东省沿海多有分布，生长在沿海近堤岸的高潮线上。

第二部分

广东 100 种常见湿地植物

　　本次收录的广东省 100 种常见湿地植物主要按森林沼泽、灌丛沼泽、沼泽草地和内陆滩涂、其他沼泽地、河流水面和湖泊水面、沿海滩涂、红树林地七大类进行排序。其中，森林沼泽收录 8 种植物，灌丛沼泽收录 3 种植物，沼泽草地和内陆滩涂收录 35 种植物，其他沼泽地收录 6 种植物，河流水面和湖泊水面收录 12 种植物，沿海滩涂收录 11 种植物，红树林地收录 25 种植物。

水松 柏科 | 水松属

Glyptostrobus pensilis（Staunton ex D. Don）K. Koch

形态特征 半常绿乔木，高 8～10 m，稀高达 25 m。生于湿生环境的树干基部膨大成柱槽状，并且有伸出土面或水面的吸收根。叶有 3 种类型：鳞形叶螺旋状着生于多年生或当年生的主枝上；条形叶两侧扁平，常排成 2 列；条状钻形叶两侧扁，微向外弯，辐射伸展或列成 3 列状；条形叶及条状钻形叶均于冬季连同侧生短枝一同脱落。球果倒卵圆形。种子椭圆形，稍扁，褐色。花期 1～2 月，果期秋后。

生　　境 喜光，喜水湿环境，耐水湿但不耐低温，对土壤的适应性较强，除盐碱土之外，在其他各种土壤上均能生长，以水分较多的冲渍土上生长最好。可栽于河边、堤旁、湖边、沼泽地等，或作庭院树种。

主要分布 国家一级保护野生植物，我国特有树种。广东广州市（从化区、增城区）、深圳市、珠海市、佛山市、梅州市平远县、惠州市、江门市、茂名市高州市、肇庆市（德庆县、封开县、广宁县、怀集县、四会市）等地有野生。

落羽杉 柏科 | 落羽杉属

Taxodium distichum（L.）Rich.

形态特征　落叶乔木，高可达 50 m。树干基部通常膨大，常有屈膝状的呼吸根。叶条形，扁平，基部扭转在小枝上排成 2 列，羽状，先端尖，近互生，凋落前变成暗红褐色。雄球花卵圆形，有短梗，在小枝顶端排列成总状花序状或圆锥花序状。球果球形或卵圆形，熟时淡褐黄色，有白粉。种子呈不规则三角形，有锐棱，褐色。花期 3～4 月，果期 10 月。

生　　境　耐水湿，能生于排水不良的沼泽地上、湖泊或池塘岸边，以及水田地的路旁等。

主要分布　广东各地常见栽培。

池杉 柏科 | 落羽杉属

Taxodium distichum（L.）Rich. var. *imbricarium*（Nutt.）Croom

形态特征 落叶乔木，在原产地高达 25 m。树干基部膨大，通常有屈膝状的呼吸根（低湿地尤为显著）。叶钻形，微内曲，在枝上呈螺旋状伸展，不成 2 列，上部微向外伸展或近直展，下部通常贴近小枝。球果圆球形或矩圆状球形，有短梗，向下斜垂，熟时褐黄色。种子呈不规则三角形，微扁。花期 3～4 月，果期 10 月。

生　　境 耐水湿，能生于排水不良的沼泽地上、湖泊或池塘岸边，以及水田地的路旁，常与落羽杉混种。

主要分布 广东各地常见栽培。

榕树 桑科 | 榕属

Ficus microcarpa L. f.

形态特征 大乔木，高 15～25 m。老树常有锈褐色气根。叶薄革质，狭椭圆形，先端钝尖，基部楔形，表面深绿色，有光泽，全缘；基生叶脉延长，侧脉 3～10 对，侧脉呈钝角展开，网脉不凸起。雌雄同株，榕果成对腋生或生于已落叶枝叶腋，成熟时黄或微红色，扁球形；雄花、雌花、瘿花同生于一榕果内。瘦果卵圆形。花期 5～6 月。

生　　境 适应性强，喜疏松肥沃的酸性土，在瘠薄的沙质土中也能生长，在碱性土中叶片黄化。不耐旱，较耐水湿，短时间水涝不会烂根。在干燥的气候条件下生长不良，在潮湿的空气中能生出大量气生根，极大地提升其观赏价值。喜阳光充足、温暖湿润气候，不耐寒，对土壤要求不严，在微酸和微碱性土中均能生长。

主要分布 广东各地常见栽培。

枫杨 胡桃科 | 枫杨属

Pterocarya stenoptera C. DC.

形态特征 落叶大乔木，高达 30 m。幼树树皮平滑，老时则深纵裂。叶多为偶数或稀奇数羽状复叶，叶轴具翅至翅不甚发达，小叶对生或稀近对生，长椭圆形至长椭圆状披针形，顶端常钝圆或稀急尖，基部歪斜。雄性柔荑花序单独生于去年生枝条上叶痕腋内；雌性柔荑花序顶生。果实长椭圆形，果翅狭，条形或阔条形。花期 4～5 月，果期 8～9 月。

生　　境 生于海拔 1500 m 以下的沿溪涧河滩、阴湿山坡地的林中，现已广泛栽植作庭院树或行道树。

主要分布 广东广州市（增城区）、韶关市〔乐昌市、南雄市、仁化县、乳源瑶族自治县（以下简称乳源县）、始兴县、翁源县〕、肇庆市（德庆县）、河源市（和平县、紫金县）、清远市〔佛冈县、连南瑶族自治县（以下简称连南县）、阳山县、英德市〕、中山市有野生。

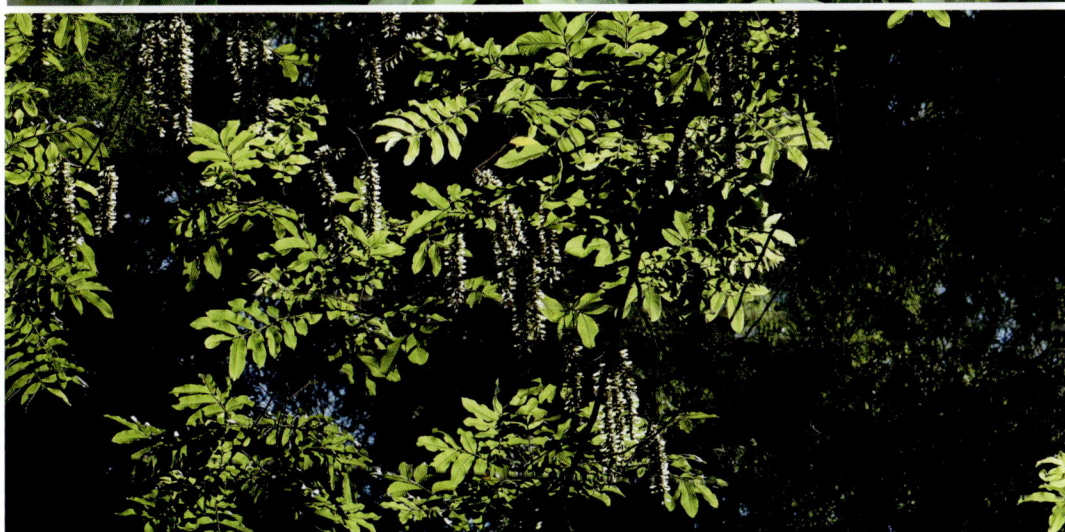

粤柳 杨柳科 | 柳属

Salix mesnyi Hance

形态特征　小乔木。芽大，短圆锥形。叶革质，长圆形，狭卵形或长圆状披针形，先端长渐尖或尾尖，基部圆形或近心形，幼叶两面有锈色短柔毛，叶脉明显凸起，呈网状，叶缘有粗腺锯齿。雄花花药黄色，雌花子房卵状圆锥形，花柱 2 裂，柱头 2 裂；雄花及雌花苞片宽卵圆形。蒴果卵形，无毛。花期 3 月，果期 4 月。

生　　境　多生于低山地区的溪流旁。

主要分布　广东广州市、韶关市（乐昌市、南雄市、仁化县）、河源市（紫金县）有野生。

四子柳 杨柳科 | 柳属

Salix tetrasperma Roxb.

形态特征　乔木，高可达 10 m。老枝暗褐色，无毛。叶卵状至线状披针形，先端长渐尖，基部楔形、近圆形或心形，上面绿色，无毛，有光泽，下面苍白色，有白粉，无毛，边缘有细锯齿；托叶偏卵形，有腺锯齿。花于叶后开放；雄蕊通常 8，稀 6 或 9，花药黄色；雌花子房具长柄。蒴果较大，长可达 1 cm。花期 9 ~ 10 月或翌年 1 ~ 4 月，果期 11 ~ 12 月或翌年 5 月。

生　　境　生于海拔 1800 m 以下的低山地区河流边。

主要分布　广东佛山市有野生。

水翁 桃金娘科 | 蒲桃属

Syzygium nervosum DC.

形态特征　乔木，高 15 m。树皮灰褐色，嫩枝压扁，有沟。叶片薄革质，长圆形至椭圆形，先端急尖或渐尖，基部阔楔形或略圆，两面多透明腺点，侧脉 45°～65° 开角斜向上，网脉明显。圆锥花序侧生，花无梗，萼片连成帽状体，花开放时呈盖状脱落。浆果阔卵圆形，成熟时紫黑色。花期 5～6 月。

生　　境　喜生于水边。耐湿性强，一般土壤均可生长。有一定的抗污染能力。

主要分布　广东广州市（从化区、增城区）、深圳市、佛山市、韶关市（仁化县）、茂名市（信宜市）、肇庆市（德庆县、封开县）、江门市（开平市、台山市）、惠州市（博罗县、惠东县）、河源市（东源县）、阳江市（阳春市）、清远市（佛冈县）、东莞市、中山市、云浮市（郁南县）有野生。

马甲子

鼠李科 | 马甲子属

Paliurus ramosissimus（Lour.）Poir.

形态特征 灌木，高达 6 m。叶互生，宽卵形、卵状椭圆形或近圆形，顶端钝或圆形，基部宽楔形、楔形或近圆形，上面沿脉被棕褐色短柔毛，幼叶下面密生棕褐色细柔毛，后渐脱落，仅沿脉被短柔毛或无毛，基生三出脉，基部有 2 个紫红色斜向直立的针刺。腋生聚伞花序，被黄色茸毛；萼片宽卵形，花瓣匙形。核果杯状，周围具木栓质 3 浅裂的窄翅。种子紫红色或红褐色。花期 5～8 月，果期 9～10 月。

生　　境 喜生于库岸、湖岸。

主要分布 广东广州市（从化区、增城区）、深圳市、珠海市、汕头市、佛山市、韶关市（乐昌市、南雄市、仁化县、始兴县、翁源县、英德市）、湛江市（雷州市、廉江市）、茂名市（高州市、信宜市）、肇庆市（德庆县、封开县、怀集县）、惠州市（博罗县、惠东县）、梅州市（大埔县、丰顺县、蕉岭县、平远县、五华县、兴宁市）、汕尾市（陆丰市）、河源市（东源县、和平县、连平县、龙川县、紫金县）、清远市（佛冈县、连州市、阳山县）、东莞市、中山市、潮州市（饶平县）有野生。

石榕树 桑科 | 榕属
Ficus abelii Miq.

形态特征 灌木，高 1 ~ 2.5 m。叶纸质，窄椭圆形至倒披针形，先端短渐尖至急尖，基部楔形，全缘，表面散生短粗毛，成长脱落，基生侧脉对生，在表面下陷。榕果单生叶腋，近梨形，成熟时紫黑色或褐红色，密生白色短硬毛，顶部脐状凸起，基部收缩为短柄；雄花散生于榕果内壁，近无柄，瘿花同生于一榕果内，花被合生，雌花无花被。花期 5 ~ 7 月。

生　　境 生于溪边或灌丛沼泽中。

主要分布 广东广州市（从化区）、深圳市、韶关市（乐昌市、南雄市、仁化县、乳源县、翁源县、新丰县）、茂名市（信宜市）、肇庆市（封开县、广宁县、怀集县）、江门市、惠州市（博罗县、惠东县、龙门县）、河源市（东源县、和平县、连平县、紫金县）、阳江市（阳春市）、清远市（佛冈县、连南县、连州市、阳山县、英德市）、云浮市（郁南县）有野生。

野牡丹（印度野牡丹） 野牡丹科 | 野牡丹属

Melastoma malabathricum L.

形态特征 灌木，高 0.5 ~ 1.5 m。茎钝四棱形或近圆柱形，密被紧贴的鳞片状糙伏毛。叶片坚纸质，卵形或广卵形，顶端急尖，基部浅心形或近圆形，全缘，基出脉 5 或 7。伞房花序生于分枝顶端，近头状，有花 3 ~ 5 朵；花瓣玫瑰红色或粉红色。蒴果坛状球形。花期 2 ~ 7 月，果期 8 ~ 12 月。

生　　境 喜生于积水的沼泽地上。

主要分布 广东广州市（从化区、增城区）、深圳市、韶关市（仁化县）、茂名市（信宜市）、肇庆市（封开县）、惠州市（博罗县）、河源市（东源县、紫金县）、阳江市（阳春市）、清远市（英德市）、东莞市、中山市、云浮市（郁南县）有野生。

蕺菜（鱼腥草）　三白草科 | 蕺菜属

Houttuynia cordata Thunb.

形态特征　多年生腥臭草本，高 30～60 cm。茎下部伏地，上部直立。叶薄纸质，有腺点，卵形或阔卵形，顶端短渐尖，基部心形，背面常呈紫红色；叶脉 5～7 条。花小，聚集成顶生或与叶对生的穗状花序；花序基部有 4 片白色花瓣状的总苞片。蒴果。花期 4～7 月，果期 6～10 月。

生　　境　生于水沟、溪边或沼泽湿地浅水处。

主要分布　广东广州市（从化区、增城区）、深圳市、韶关市（乐昌市、南雄市、仁化县、乳源县、始兴县、翁源县、新丰县）、茂名市（高州市、信宜市）、肇庆市（德庆县、封开县、怀集县）、江门市（恩平市）、惠州市（博罗县、惠东县、龙门县）、梅州市（大埔县、丰顺县、蕉岭县、平远县、五华县、兴宁市、和平县）、河源市（东源县、连平县、紫金县）、阳江市（阳春市）、清远市［佛冈县、连山壮族瑶族自治县（以下简称连山县）、连州市、阳山县、英德市］、东莞市、中山市、潮州市（饶平县）、云浮市（郁南县）有野生。

三白草

三白草科 | 三白草属

Saururus chinensis （Lour.） Baill.

形态特征　多年生草本，高约 1 m。茎下部伏地，常带白色，上部直立。叶纸质，密生腺点，阔卵形至卵状披针形，顶端短尖或渐尖，基部心形或斜心形，上部的叶较小，茎顶端的 2～3 片于花期常为白色，呈花瓣状。总状花序，白色，与叶对生或顶生；苞片近匙形。果近球形，表面多疣状凸起。花期 4～6 月，果期 6～7 月。

生　　境　生于低湿沟边、塘边或溪旁。

主要分布　广东广州市（从化区、增城区）、深圳市、韶关市（乐昌市、南雄市、仁化县、乳源县、始兴县、新丰县）、茂名市（高州市、化州市、信宜市）、肇庆市（封开县）、惠州市（龙门县、博罗县）、梅州市（大埔县、丰顺县、蕉岭县）、河源市（东源县、和平县、连平县、紫金县）、阳江市（阳春市）、清远市（佛冈县、连南县、连山县、阳山县、英德市）、东莞市、中山市、潮州市（饶平县）、云浮市（罗定市）有野生。

竹节菜 鸭跖草科 | 鸭跖草属

Commelina diffusa Burm. f.

形态特征　一年生披散草本。茎匍匐，长可达 1 m。叶披针形或在分枝下部的为长圆形，顶端通常渐尖。蝎尾状聚伞花序，佛焰苞边缘分离，披针形，基部心形或浑圆，花序自基部开始 2 叉分枝，花瓣蓝色，花远伸出佛焰苞。蒴果 3 室。种子黑色，卵状长圆形。花果期 5~11 月。

生　　境　生于溪流、水田、湖泊、池塘等潮湿处。

主要分布　广东广州市（从化区）、深圳市、韶关市（仁化县、始兴县、翁源县）、茂名市、肇庆市（德庆县、封开县）、惠州市（惠东县、博罗县）、梅州市（大埔县）、阳江市（阳春市）、清远市（英德市）、东莞市、中山市有野生。

异型莎草 莎草科 | 莎草属

Cyperus difformis L.

形态特征 一年生草本，高 2～65 cm。秆丛生，扁三棱形。叶短于秆，平张或折合；叶鞘稍长；苞片 2 枚，少 3 枚，叶状，长于花序。小穗极多数，组成密头状花序，球形，小穗密集，披针形或线形，小穗轴无翅；鳞片排列稍松，近于扁圆形；雄蕊 2 枚，有时 1 枚，花药椭圆形。小坚果倒卵状椭圆形，三棱形，几与鳞片等长，淡黄色。花果期 7～10 月。

生　　境 常生于稻田中或水边潮湿处。

主要分布 广东广州市（从化区、增城区）、深圳市、汕头市（南澳县）、韶关市（乐昌市、南雄市、仁化县、乳源县、始兴县、翁源县、新丰县）、湛江市（廉江市、徐闻县）、茂名市（高州市）、肇庆市（封开县）、江门市（台山市）、惠州市（博罗县、龙门县）、梅州市（五华县）、河源市（紫金县）、阳江市（阳春市）、清远市（阳山县、英德市）、东莞市、中山市、云浮市（郁南县）有野生。

畦畔莎草 莎草科 | 莎草属

Cyperus haspan L.

形态特征 多年生草本，有时为一年生草本，高 2～100 cm。秆丛生或散生，扁三棱形。叶短于秆，或有时仅剩叶鞘而无叶片。苞片 2 枚，叶状，常较花序短；长侧枝聚伞花序复出或简单，少数为多次复出，小穗通常 3～6 个呈指状排列，具 6～24 朵花；鳞片密，覆瓦状排列，顶端直，花药顶端具白色刚毛状附属物。主要花期夏秋季，其他季节也可见花。

生　　境 常生于水田或浅水塘等多水之地。

主要分布 广东广州市（从化区）、深圳市、韶关市（乐昌市、南雄市、仁化县、乳源县、始兴县、翁源县、新丰县）、湛江市（徐闻县）、茂名市（高州市、信宜市）、肇庆市（封开县）、江门市（台山市）、惠州市（博罗县、惠东县）、梅州市（大埔县、丰顺县、平远县、五华县）、河源市（紫金县）、阳江市（阳春市）、清远市（佛冈县、连南县、连州市、阳山县、英德市）、东莞市、中山市、云浮市（郁南县）有野生。

叠穗莎草 莎草科 | 莎草属

Cyperus imbricatus Retz.

形态特征 多年生草本，高达 150 cm。秆粗壮，钝三棱形，具少数叶。叶短于秆，基部折合；叶鞘红褐色或深褐色；叶状苞片 3～5 枚。复出长侧枝聚伞花序，穗状花序无总花梗，小穗多列，排列紧密，具 8～20 朵花；花药长圆形；鳞片顶端具外弯的短尖。小坚果倒卵形或椭圆形，三棱形。花果期 9～10 月。

生　　境 生于潮湿的水田、菜地或长期积水处。

主要分布 广东广州市、深圳市、汕头市、肇庆市、梅州市（丰顺县）、清远市（阳山县）、东莞市有野生。

碎米莎草 莎草科 | 莎草属

Cyperus iria L.

形态特征 一年生草本，高 8~85 cm。秆丛生，细弱或稍粗壮，扁三棱形，基部具少数叶，叶短于秆，平张或折合，叶鞘红棕色或棕紫色。叶状苞片 3~5 枚；长侧枝聚伞花序复出，穗状花序轴延长，小穗轴上无翅，小穗排列松散，具 6~22 朵花；鳞片排列疏松，膜质，顶端微缺，极短的短尖不凸出于鳞片的顶端。小坚果倒卵形或椭圆形，三棱形。花果期 6~10 月。

生　　境 生于田间、山坡、路旁阴湿处。

主要分布 广东广州市（从化区、增城区）、深圳市、珠海市、韶关市（乐昌市、南雄市、仁化县、乳源县、始兴县、翁源县、新丰县）、茂名市（高州市、信宜市）、肇庆市（封开县）、江门市、惠州市（惠东县、龙门县）、梅州市（大埔县、丰顺县、五华县）、河源市（连平县、紫金县）、阳江市（阳春市）、清远市（佛冈县、连南县、连州市、英德市）、中山市、潮州市、云浮市（郁南县）有野生。

香附子 莎草科 | 莎草属

Cyperus rotundus L.

形态特征 多年生草本，高 15～95 cm。匍匐根状茎长，具椭圆形块茎。秆稍细弱，锐三棱形，基部呈块茎状。叶较多，短于秆，平张；叶状苞片 2～3（5）枚，长侧枝聚伞花序简单或复出，穗状花序具 3～10 个小穗，小穗具 8～28 朵花；鳞片暗血红色，卵形或长圆状卵形，花药暗血红色。小坚果长圆状倒卵形，三棱形。花果期 5～11月。

生　　境 生于山坡荒地草丛中或水边潮湿处。

主要分布 广东广州市（从化区、增城区）、深圳市、佛山市、韶关市（南雄市、仁化县、乳源县）、湛江市（徐闻县）、茂名市（信宜市）、肇庆市、惠州市（博罗县）、梅州市（五华县）、汕尾市（海丰县）、河源市（紫金县）、清远市（佛冈县、连州市、英德市）、东莞市、中山市、云浮市（郁南县）有野生。

龙师草 莎草科 | 荸荠属

Eleocharis tetraquetra Nees

形态特征 多年生草本，高 25～90 cm，有时达 100 cm 以上。秆多数，丛生，锐四棱柱状。无叶，秆的基部有 2～3 个叶鞘。小穗长圆状卵形、宽披针形或长圆形，密生许多两性花；小穗基部的 3 片鳞片内无花，其余鳞片全有花，紧密地覆瓦状排列，下位刚毛上的倒刺不为羽毛状。小坚果倒卵形或宽倒卵形，微扁三棱形。花果期 9～11月。

生　　境 生于溪边和沟谷边。

主要分布 广东深圳市、韶关市（仁化县、乳源县）、肇庆市（封开县）、惠州市（博罗县、惠东县）、梅州市（丰顺县）、清远市（佛冈县、连州市、阳山县）、东莞市、云浮市（郁南县）有野生。

锈鳞飘拂草 莎草科 | 飘拂草属

Fimbristylis sieboldii Miq. ex Franch. & Sav.

形态特征 多年生草本，高 20～65 cm。根状茎短，木质，水平生长。秆丛生，秆基部具无叶片的鞘，细而坚挺，扁三棱形，基部稍膨大，具少数叶。叶宽 1 mm；苞片 2～3 枚，线形。长侧枝聚伞花序简单；小穗单生于辐射枝顶端，长圆状卵形、长圆形或长圆状披针形，具多数密生的花；鳞片有 1 条脉，背面上部被短柔毛。小坚果近于平滑，成熟时棕色或黑棕色。花果期 6～8 月。

生　　境 生于河滩或海边或盐沼地。

主要分布 广东深圳市、珠海市、肇庆市、江门市（台山市）、惠州市（惠东县）、清远市（英德市）、东莞市、中山市有野生。

单穗水蜈蚣 莎草科 | 水蜈蚣属

Kyllinga nemoralis（J. R. Forst. & G. Forst.）Dandy ex Hutch. & Dalziel

形态特征 多年生草本，具匍匐根状茎。秆散生或疏丛生，扁锐三棱形，基部不膨大。叶通常短于秆，平张，边缘具疏锯齿。苞片 3 ~ 4 枚，叶状；穗状花序 1 个，少 2 ~ 3 个，具极多数小穗；小穗具 1 朵花，鳞片的翅膜质，缘具刺状细齿。小坚果长圆形或倒卵状长圆形，较扁。花果期 5 ~ 8 月。

生　　境 生于山坡林下、沟边及田边近水处、旷野潮湿处。

主要分布 广东广州市、深圳市、韶关市（乐昌市、仁化县、翁源县）、茂名市（信宜市）、肇庆市（德庆县）、惠州市（博罗县、惠东县）、梅州市（大埔县、丰顺县、五华县、蕉岭县）、清远市（佛冈县、阳山县、英德市）、东莞市、中山市、河源市（连平县）、阳江市（阳春市）有野生。

荩草 禾本科 | 荩草属

Arthraxon hispidus（Thunb.）Makino

形态特征　一年生草本，高 30～60 cm。秆细弱，基部倾斜，具多节。叶鞘短于节间，生短硬疣毛；叶片卵状披针形，无毛，基部抱茎。总状花序细弱，2～10 枚呈指状排列或簇生于秆顶，花序轴节间无毛，长为小穗的 2/3～3/4；第一颖草质，第二颖近膜质，与第一颖等长；第一外稃与第二外稃等长，近基部伸出的芒伸出小穗之外。颖果长圆形。花果期 9～11 月。

生　　境　生于山坡草地阴湿处、积水沼泽地。

主要分布　广东广州市（从化区）、深圳市、韶关市（乐昌市、仁化县、乳源县、始兴县）、茂名市（信宜市）、肇庆市（封开县）、江门市（台山市）、惠州市（博罗县）、梅州市（丰顺县、五华县）、河源市（和平县、紫金县）、阳江市（阳春市）、清远市（连州市、阳山县、英德市）、云浮市（罗定市、郁南县）有野生。

芦竹 禾本科 | 芦竹属

Arundo donax L.

形态特征 多年生草本。秆粗大直立，高 2～6 m，常分枝。叶鞘长于节间，无毛或颈部具长柔毛；叶片扁平，上面与边缘微粗糙，基部白色，抱茎。圆锥花序极大型，长 30～60（90）cm；小穗长 8～10 mm，含 2～4 朵小花；外稃背部柔毛长约 5 mm。颖果细小，黑色。花果期 9～12 月。

生　　境 生于河岸或湖泊旁。

主要分布 广东广州市（从化区）、深圳市、珠海市、汕头市（南澳县）、佛山市、韶关市（仁化县、翁源县）、肇庆市（封开县）、江门市（台山市）、惠州市（博罗县）、梅州市（五华县）、河源市（紫金县）、阳江市（阳春市）、清远市（佛冈县、英德市）、东莞市、云浮市（郁南县）有野生。

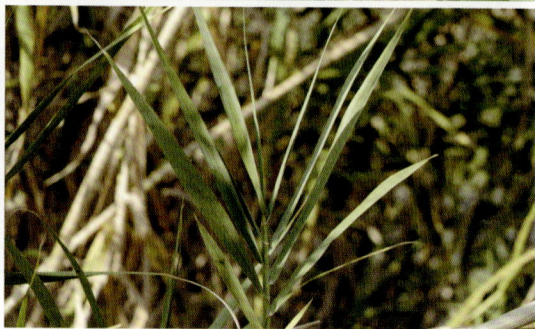

臭根子草 禾本科 | 孔颖草属

Bothriochloa bladhii（Retz.）S.T. Blake

形态特征 多年生草本，高 50～100 cm。秆疏丛生，直立或基部倾斜。叶鞘无毛；叶片线形，先端长渐尖，基部圆形，边缘粗糙。圆锥花序，每节具1～3枚单纯的总状花序，总状花序具总梗；无柄小穗两性，长 3.5～4 mm；第一颖背部稍下凹，无下陷小圆孔，或偶有不明显的小圆孔，第二颖舟形，颖片质地较薄，纸质。花果期7～10月。

生　境 生于田边湿地、沼泽地。

主要分布 广东广州市、深圳市、韶关市（乐昌市、仁化县）、湛江市（徐闻县）、茂名市（信宜市）、肇庆市、江门市（台山市）、梅州市（丰顺县）、阳江市（阳春市）、清远市（连州市）、东莞市有野生。

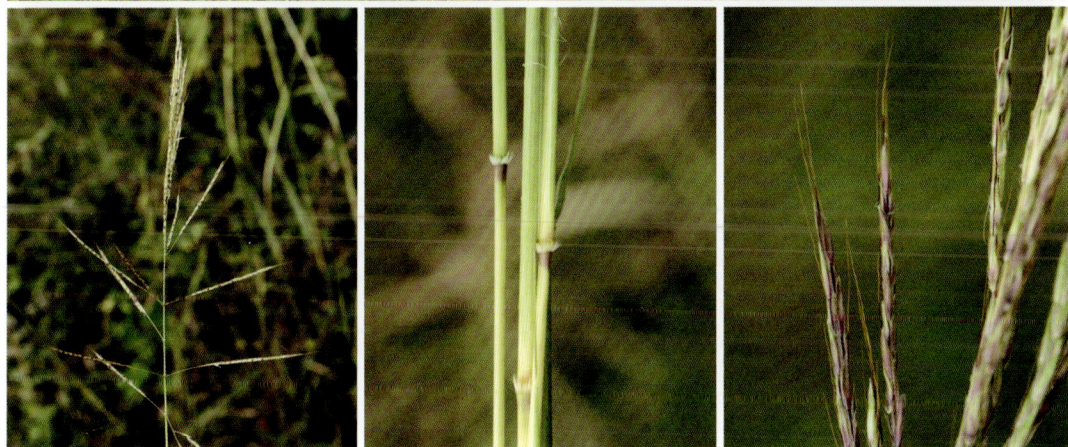

狗牙根 禾本科 | 狗牙根属

Cynodon dactylon（L.）Pers.

形态特征 低矮草本，直立部分高 10～30 cm，植株具根茎。秆细而坚韧，下部匍匐地面蔓延甚长，节上常生不定根。叶舌仅为一轮纤毛；叶片线形，通常两面无毛。穗状花序 3～5 枚，小穗灰绿色或带紫色，仅含 1 朵小花；颖具 1 脉；鳞被上缘近截平；花药淡紫色。颖果长圆柱形。花果期 5～10 月。

生　　境 生于河岸、菜地、稻田边潮湿处。

主要分布 广东广州市（从化区、增城区）、深圳市、珠海市、韶关市（乐昌市、南雄市、仁化县、始兴县、新丰县）、湛江市（雷州市、徐闻县）、茂名市（高州市、信宜市）、肇庆市、惠州市（博罗县、惠东县）、梅州市（丰顺县）、河源市（东源县）、阳江市（阳春市、阳西县）、清远市（佛冈县、连州市、阳山县、英德市）、东莞市、中山市、潮州市（饶平县）、云浮市（郁南县）有野生。

稗 禾本科 | 稗属

Echinochloa crus-galli（L.）P. Beauv.

形态特征　一年生草本，秆高 50～150 cm，基部倾斜或膝曲。叶鞘疏松裹秆，平滑无毛；叶舌缺；叶片扁平，线形，无毛，边缘粗糙。圆锥花序直立，开展，花序分枝柔软；小穗卵形；第一颖三角形，第二颖与小穗等长，先端渐尖或具小尖头；第一小花通常中性；外稃顶端延伸成芒，芒长 0.5～1.5 cm。花果期夏秋季。

生　　境　生于稻田、沼泽地和水沟边。

主要分布　广东广州市（从化区）、深圳市、珠海市、韶关市（乐昌市、南雄市、仁化县、始兴县、新丰县）、茂名市（信宜市）、肇庆市、江门市（台山市）、惠州市（博罗县、惠东县、龙门县）、河源市（和平县）、阳江市（阳春市）、清远市（连州市、阳山县、英德市）、东莞市有野生。

柳叶箬 禾本科 | 柳叶箬属

Isachne globosa（Thunb.）Kuntze

形态特征　多年生草本，高 30 ~ 60 cm。秆丛生，直立或基部节上生根而倾斜。叶鞘短于节间，叶舌纤毛状；叶片披针形，顶端短渐尖，基部钝圆或微心形。圆锥花序卵圆形；小穗分枝和小穗柄均具黄色腺斑，小穗椭圆状球形，淡绿色，或成熟后带紫褐色；两颖近等长，顶端钝或圆；两小花的外稃边缘无密生的纤毛或仅第一小花外稃的边缘具纤毛。颖果近球形。花果期夏秋季。

生　　境　生于溪水边或沼泽湿地。

主要分布　广东广州市（从化区、增城区）、深圳市、韶关市（南雄市、仁化县、乳源县、始兴县、翁源县）、肇庆市（封开县）、江门市（台山市）、惠州市（博罗县、惠东县）、梅州市（丰顺县）、河源市（和平县、紫金县）、阳江市（阳春市）、清远市（连州市、阳山县、英德市）、东莞市、云浮市（郁南县）有野生。

李氏禾 禾本科 | 假稻属

Leersia hexandra Sw.

形态特征　多年生草本。秆倾卧地面并于节处生根，直立部分高 40 ~ 50 cm。叶鞘短于节间，多平滑；叶舌基部两侧下延与叶鞘边缘相愈合成鞘边；叶片披针形，粗糙，质硬有时卷折。圆锥花序开展，分枝较细，小穗长 3.5 ~ 4 mm；颖不存在；外稃两侧具微刺毛，内稃与外稃等长；雄蕊 6 枚，花药长 2 ~ 2.5 mm。颖果。花果期 6 ~ 8 月，热带地区秋冬季也开花。

生　境　生于河沟和沼泽等湿地。

主要分布　广东广州市（从化区）、深圳市、珠海市、韶关市（乐昌市、仁化县、始兴县）、茂名市（信宜市）、肇庆市、惠州市（博罗县）、梅州市（五华县）、河源市（紫金县）、阳江市（阳春市）、清远市（连州市）、东莞市有野生。

千金子

禾本科 | 千金子属

Leptochloa chinensis（L.）Nees

形态特征　一年生草本，高 30～90 cm。秆直立，基部膝曲或倾斜。叶鞘无毛，大多短于节间；叶舌膜质，常撕裂具小纤毛。叶片扁平或多少卷折，先端渐尖，无毛。圆锥花序，花序分枝较粗壮；小穗含 3～7 小花；颖具 1 脉，第一颖 1～1.5 mm，第二颖长 1.2～1.8 mm。颖果长圆球形。花果期 8～11 月。

生　　境　生于菜地或稻田附近。

主要分布　广东广州市（从化区）、深圳市、韶关市（乐昌市、南雄市、仁化县、翁源县）、茂名市（高州市）、肇庆市、惠州市（博罗县、惠东县）、梅州市（五华县）、清远市（英德市）、东莞市、中山市、云浮市（郁南县）有野生。

斑茅（大密）禾本科 | 甘蔗属

Saccharum arundinaceum Retz.

识别特征：多年生高大丛生草本，高 2～4 m。秆粗壮，秆中不含蔗糖，无甜味，具多数节，无毛。叶鞘长于其节间；叶舌膜质，顶端截平；叶片宽大，线状披针形，顶端长渐尖，边缘锯齿状粗糙。圆锥花序大型，稠密；小穗背部具长柔毛，无柄与有柄小穗狭披针形，基盘具短柔毛；两颖近等长；第一外稃等长或稍短于颖，第二外稃披针形，顶端具小尖头或短芒尖。颖果长圆形。花果期 8～12 月。

生　　境　生于河滩、河心洲。

主要分布　广东广州市（从化区）、深圳市、韶关市（乐昌市、仁化县、始兴县）、湛江市（徐闻县）、肇庆市（封开县）、江门市、惠州市（博罗县、惠东县）、河源市（连平县、紫金县）、阳江市（阳春市）、清远市（佛冈县、连州市、英德市）、东莞市、云浮市（郁南县）有野生。

铺地黍 禾本科 | 黍属

Panicum repens L.

形态特征 多年生草本，高 50～100 cm。秆直立，坚挺。叶鞘光滑，边缘被纤毛；叶片质硬，线形，长 5～25 cm，宽 2.5～5 mm；叶舌极短，膜质。圆锥花序开展；小穗长圆形，长约 3 mm；第一颖长约为小穗的 1/4，基部包卷小穗，第二颖约与小穗近等长，第一小花雄性，第二小花结实。花果期 6～11 月。

生　　境 生于海边、溪边以及潮湿处。

主要分布 广东广州市（从化区）、深圳市、韶关市（乐昌市、南雄市、仁化县、翁源县、新丰县）、湛江市（吴川市、徐闻县）、茂名市（高州市）、肇庆市（封开县、怀集县）、江门市（台山市）、惠州市（博罗县、惠东县）、梅州市（大埔县、五华县）、汕尾市（陆丰市）、河源市（和平县、紫金县）、阳江市（阳春市）、清远市（佛冈县、连州市、英德市）、东莞市、中山市、揭阳市（普宁市）、云浮市（郁南县）有野生。

双穗雀稗 禾本科 | 雀稗属

Paspalum distichum L.

形态特征 多年生草本。匍匐茎横走、粗壮，长达 1 m，向上直立部分高 20～40 cm。叶鞘短于节间；叶舌无毛；叶片披针形，无毛。总状花序 2 枚对连，长 3～5 cm，小穗长约 3 mm，椭圆形，具丝状柔毛；穗轴硬直，顶端尖，疏生微柔毛；第一颖退化或微小；第二颖贴生柔毛。颖果长 3～4 mm。花果期 5～9 月。

生　　境 大多生于田野、路边、沟渠等地，喜潮湿肥沃的土壤。

主要分布 广东广州市（从化区）、深圳市、珠海市、佛山市、韶关市（仁化县、乳源县、新丰县）、湛江市（廉江市、徐闻县）、茂名市、肇庆市、江门市（台山市）、惠州市（博罗县）、汕尾市（海丰县）、河源市（紫金县）、东莞市、中山市、云浮市（罗定市）有野生。

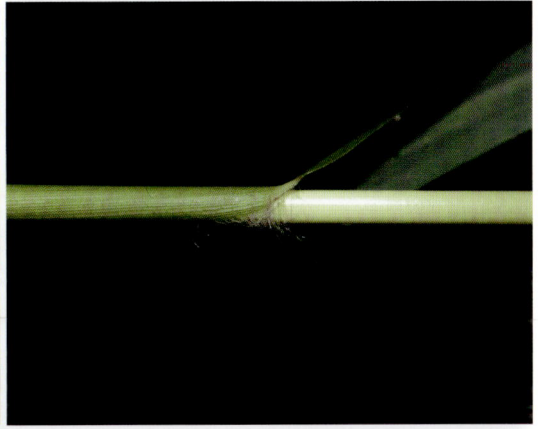

圆果雀稗 禾本科 | 雀稗属

Paspalum scrobiculatum var. *orbiculare*（G. Forst.）Hack.

形态特征 多年生草本，高 30～90 cm。秆直立，丛生。叶鞘长于其节间，无毛；叶片长披针形至线形，大多无毛。总状花序 2～10 枚相互间距排列于长 1～3 cm 的主轴上，小穗近圆形，长 2～2.3 mm；第二颖与第一外稃具 3 脉，顶端稍尖。颖果。花果期 6～11 月。

生　　境 生于草地、池塘和沟边。

主要分布 广东广州市（从化区）、深圳市、珠海市、韶关市（乐昌市、仁化县、始兴县、新丰县）、湛江市（徐闻县）、茂名市（高州市、化州市、信宜市）、肇庆市（封开县）、江门市、惠州市（惠东县、龙门县）、梅州市（丰顺县、五华县）、河源市（紫金县）、阳江市（阳春市）、清远市（佛冈县、阳山县、英德市）、东莞市、中山市、揭阳市（惠来县）、云浮市（罗定市、郁南县）有野生。

囊颖草 禾本科 | 囊颖草属

Sacciolepis indica（L.）Chase

形态特征 一年生草本，高 20～100 cm。秆纤细，有时下部节上生根。叶鞘具棱脊；叶舌膜质；叶片线形，基部较窄。圆锥花序组成紧密的穗状花序，小穗卵状披针形，向顶渐尖而弯曲，长 2.5～3.5 mm；第一颖通常具 3 脉，长为小穗的 1/2，第二颖具明显的 7～11 脉，通常 9 脉。颖果椭圆形。花果期 7～11 月。

生　　境 生于水田岸边或池塘堤坝上。

主要分布 广东广州市（从化区）、深圳市、珠海市、韶关市（乐昌市、南雄市、仁化县、始兴县、翁源县、新丰县）、茂名市（高州市、信宜市）、肇庆市（德庆县、封开县、怀集县）、江门市、惠州市（博罗县、惠东县）、梅州市（大埔县、丰顺县、五华县）、河源市（连平县、紫金县）、阳江市（阳春市）、清远市（佛冈县、连山县、连州市、阳山县、英德市）、东莞市、中山市、云浮市（罗定市、郁南县）有野生。

稗荩 禾本科 | 稗荩属

Sphaerocaryum malaccense（Trin.）Pilg.

形态特征　一年生草本，高 10～30 cm。秆下部卧伏地面，上部稍斜升。叶鞘短于节间，基部膨大被柔毛；叶舌短小；叶片卵状心形，基部抱茎，边缘粗糙。小型圆锥花序，小穗含 1 朵小花；颖透明膜质，第一颖无脉，第二颖具 1 脉。颖果卵圆形，棕褐色。花果期秋季。

生　　境　生于水边或沼泽中。

主要分布　广东广州市（从化区）、深圳市、韶关市（乐昌市、仁化县、乳源县、翁源县）、肇庆市（封开县）、江门市、惠州市（博罗县、惠东县）、河源市（紫金县）、阳江市（阳春市）、清远市（佛冈县、连州市、阳山县、英德市）、东莞市有野生。

鼠妇草 禾本科 | 画眉草属

Eragrostis atrovirens（Desf.）Trin. ex Steud.

形态特征 多年生草本，高 50～100 cm。秆直立，基部稍膝曲。叶鞘除基部外，均较节间短；叶片扁平或内卷，下面光滑，上面粗糙。圆锥花序开展，花序分枝粗硬；小穗柄长 0.5～1 cm，小穗长 5～10 mm，宽约 2.5 mm，含 8～20 朵小花；颖具 1 脉；内外稃同时脱落。颖果，夏秋抽穗。花果期夏秋季。

生　　境 多生于路边或溪旁。

主要分布 广东广州市、深圳市、珠海市、佛山市、韶关市（乐昌市、南雄市、仁化县、翁源县）、茂名市、肇庆市（怀集县）、江门市、惠州市（惠东县）、梅州市（丰顺县、五华县）、汕尾市（陆丰市）、河源市（紫金县）、阳江市（阳春市）、清远市（英德市）、东莞市有野生。

鼠尾粟 禾本科 | 鼠尾粟属

Sporobolus fertilis（Steud.）Clayton

形态特征 多年生草本，高 25～120 cm。秆直立，丛生。叶鞘疏松裹茎；叶舌极短，纤毛状；叶片质较硬，平滑无毛，或仅上面基部疏生柔毛，通常内卷。圆锥花序分枝稍坚硬，较短，排列较紧密；小穗长 1.7～2 mm；颖膜质；雄蕊 3，花药长 0.8～1 mm。囊果成熟后红褐色。花果期 3～12 月。

生　　境 生于湿地边上或岸上。

主要分布 广东广州市（从化区）、深圳市、韶关市（乐昌市、南雄市、仁化县、乳源县、始兴县、翁源县、新丰县）、茂名市（信宜市）、肇庆市（封开县、怀集县）、惠州市（博罗县）、梅州市（丰顺县、五华县）、河源市（紫金县）、阳江市（阳春市）、清远市（佛冈县、连州市、阳山县）、东莞市、中山市有野生。

圆叶节节菜 千屈菜科 | 节节菜属

Rotala rotundifolia（Buch.-Ham. ex Roxb.）Koehne

形态特征　一年生草本，高5～30 cm。叶对生，无柄或具短柄，近圆形、阔倒卵形或阔椭圆形，基部钝形或近心形，侧脉4对，纤细。花单生，组成顶生稠密的穗状花序，花极小；小苞片披针形或钻形，约与萼筒等长；花瓣4，长约为花萼裂片的2倍。蒴果椭圆形，3～4瓣裂。花果期12月至翌年6月。

生　　境　生于水田或溪流潮湿处。

主要分布　广东广州市（从化区、增城区）、深圳市、汕头市、佛山市、韶关市（乐昌市、南雄市、仁化县、始兴县、新丰县）、湛江市（徐闻县）、茂名市（信宜市）、肇庆市（封开县）、江门市、惠州市（博罗县、惠东县、龙门县）、梅州市（丰顺县、蕉岭县、平远县、五华县）、河源市（紫金县）、阳江市（阳春市）、清远市（佛冈县、英德市）、东莞市、中山市、潮州市（饶平县）、云浮市（郁南县）有野生。

草龙 柳叶菜科 | 丁香蓼属

Ludwigia hyssopifolia（G. Don）Exell

主要分布 一年生直立草本，高 60～200 cm。多分枝，幼枝及花序被微柔毛。叶披针形至线形，先端渐狭或锐尖，基部狭楔形。花腋生，萼片 4，花瓣 4，黄色；雄蕊 8，淡绿黄色。蒴果近无梗，幼时近四棱形，熟时近圆柱状，上部 1/5～1/3 增粗。种子在蒴果上部每室排成多列，游离生，在下部排成 1 列，嵌入硬内果皮里。花果期几乎全年。

生　　境 生于田边、水沟、河滩、塘边、湿草地等湿润向阳处。

主要分布 广东广州市（从化区、增城区）、深圳市、韶关市（乐昌市、南雄市、仁化县、始兴县、翁源县、新丰县）、湛江市、茂名市、肇庆市（德庆县、封开县）、江门市、惠州市（博罗县、惠东县、龙门县）、梅州市（丰顺县、蕉岭县、五华县）、河源市（紫金县）、阳江市（阳春市）、清远市（佛冈县、阳山县、英德市）、东莞市、中山市有野生。

火炭母 蓼科｜蓼属

Persicaria chinensis（L.）H. Gross

形态特征　多年生草本，高70～100 cm。叶卵形或长卵形，长4～10 cm，宽2～4 cm，顶端短渐尖，基部截形或宽心形，边缘全缘，两面无毛，有时下面沿叶脉疏生短柔毛；托叶鞘无毛，顶端偏斜，无缘毛。花序头状，通常数个排成圆锥状，顶生或腋生；花被5深裂，白色或淡红色。瘦果具3棱。花期7～9月，果期8～10月。

生　　境　生于山谷湿地、山坡草地，水沟旁、废弃农田边和沼泽边上。

主要分布　广东广州市（从化区、增城区）、深圳市、珠海市、汕头市（南澳县）、佛山市、韶关市（乐昌市、南雄市、仁化县、乳源县、始兴县、翁源县、新丰县）、茂名市（信宜市）、肇庆市（封开县、怀集县）、江门市（台山市）、惠州市（博罗县、惠东县、龙门县）、梅州市（丰顺县、蕉岭县、平远县、五华县、兴宁市）、汕尾市（陆河县）、河源市（东源县、和平县、连平县、龙川县、紫金县）、阳江市（阳春市）、清远市（佛冈县、连南县、连山县、连州市、阳山县、英德市）、东莞市、中山市、潮州市（饶平县）、揭阳市（揭西县、普宁市）、云浮市（罗定市、新兴县、郁南县）有野生。

水蓼 蓼科 | 蓼属

Persicaria hydropiper L.

形态特征　一年生草本，高 40～70 cm。茎无毛，节部膨大。叶披针形或椭圆状披针形，顶端渐尖，基部楔形，边缘全缘，具辛辣味，叶腋具闭花受精花；托叶鞘疏生短硬伏毛，通常托叶鞘内藏有花簇。总状花序呈穗状，顶生或腋生，花稀疏，下部间断；花被 5 深裂，稀 4 裂，绿色，上部白色或淡红色，被黄褐色透明腺点。瘦果卵形，双凸镜状或具 3 棱。花期 5～9 月，果期 6～10 月。

生　　境　生于河滩、水沟边、山谷湿地或水中、田埂湿地旁。

主要分布　广东广州市（增城区、从化区）、深圳市、珠海市、韶关市（乐昌市、南雄市、仁化县、乳源县、始兴县、翁源县、新丰县）、茂名市（信宜市）、肇庆市（德庆县、封开县、怀集县）、江门市（台山市）、惠州市（博罗县、惠东县、龙门县）、梅州市（大埔县、丰顺县、蕉岭县、平远县、五华县、兴宁市）、汕尾市（陆河县、东源县）、河源市（连平县、龙川县、紫金县）、阳江市（阳春市）、清远市（佛冈县、连山县、连州市、英德市）、东莞市、中山市、潮州市、揭阳市（揭西县）、云浮市（郁南县）有野生。

酸模叶蓼 蓼科 | 蓼属

Persicaria lapathifolia（L.）Delarbre

形态特征　一年生草本，高 40~90 cm。茎直立，节部膨大。叶披针形或宽披针形，顶端渐尖或急尖，基部楔形，上面绿色，常有一个大的黑褐色新月形斑点，两面沿中脉被短硬伏毛；托叶鞘筒状，无毛。总状花序呈穗状，顶生或腋生，花紧密，通常由数个花穗再组成圆锥状，花序梗被腺体；花被淡红色或白色，4 或 5 深裂，花被片椭圆形。瘦果宽卵形，双凹，黑褐色，有光泽。花期 6~8 月，果期 7~9 月。

生　　境　生于田边、路旁、水边、荒地或沟边湿地。

主要分布　广东广州市、深圳市、汕头市、韶关市（乐昌市、南雄市、仁化县、翁源县）、茂名市（信宜市）、肇庆市、江门市（恩平市）、梅州市（五华县）、河源市（连平县、紫金县）、清远市（连州市、英德市）、东莞市、云浮市有野生。

莲子草 苋科 | 莲子草属

Alternanthera sessilis（L.）R. Br. ex DC.

形态特征 多年生草本，高 10～45 cm。叶片形状及大小有变化，条状披针形、矩圆形、倒卵形、卵状矩圆形，顶端急尖、圆形或圆钝，基部渐狭，全缘或有不明显锯齿。头状花序 1～4 个，腋生，无总花梗，初为球形，后渐成圆柱形；花密生，苞片及小苞片白色，顶端短渐尖，不呈刺状，无毛；花被片大小相等，白色，顶端渐尖或急尖，具 1 脉；雄蕊 3，花丝基部连合成杯状，花药矩圆形。胞果倒心形。种子卵球形。花期 5～7 月，果期 7～9 月。

生　　境 生于村庄附近的草坡、水沟、田边或沼泽、海边潮湿处。

主要分布 广东广州市（从化区、增城区）、深圳市、珠海市、韶关市（乐昌市、南雄市、仁化县、始兴县、翁源县）、湛江市、茂名市（信宜市）、肇庆市（封开县）、江门市、惠州市（博罗县、惠东县）、梅州市（丰顺县、五华县）、河源市（东源县、紫金县）、阳江市（阳春市）、清远市（佛冈县、英德市）、云浮市（郁南县）有野生。

假马齿苋 车前科 | 假马齿苋属

Bacopa monnieri（L.）Wettst.

形态特征 匍匐草本，节上生根，多少肉质，体态极像马齿苋。叶无柄，矩圆状倒披针形，顶端圆钝，极少有齿。花单生叶腋，明显具梗；萼片前后2枚卵状披针形，其余3枚披针形至条形；花冠蓝色，紫色或白色，不明显2唇形，上唇2裂；雄蕊4枚；柱头头状。蒴果长卵状。种子椭圆状，黄棕色，表面具纵条棱。花期5～10月。

生　　境 生于水边、湿地及沙滩。

主要分布 广东广州市、深圳市、汕头市、佛山市、湛江市（徐闻县）、肇庆市、江门市（台山市）、惠州市（博罗县）、汕尾市（海丰县、陆丰市）、阳江市、清远市（佛冈县）、东莞市、中山市、潮州市（饶平县）、揭阳市（揭西县）有野生。

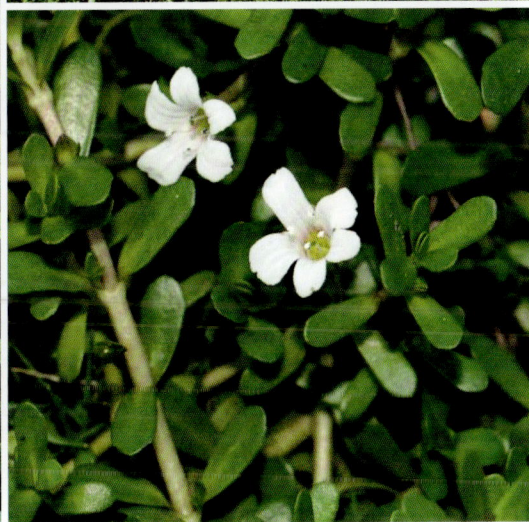

水蓑衣 爵床科 | 水蓑衣属

Hygrophila ringens（L.）R. Br. ex Spreng.

形态特征 草本，高 80 cm。茎四棱形。叶近无柄，纸质，长椭圆形、披针形、线形，两端渐尖，先端钝，两面无毛或近无毛。花簇生于叶腋，半轮生，无梗；苞片外面被柔毛；花萼圆筒状，5 深裂至中部；花冠淡紫色或粉红色，长 1～1.2 cm，上唇卵状三角形，下唇长圆形。蒴果。花期秋季。

生　　境 生于溪沟边或洼地等潮湿处。

主要分布 广东广州市（从化区、增城区）、深圳市、珠海市、佛山市、韶关市（乐昌市、南雄市、仁化县、乳源县、始兴县、翁源县、新丰县）、湛江市（徐闻县）、肇庆市（封开县、怀集县）、江门市（恩平市）、惠州市（博罗县、惠东县、龙门县）、梅州市（丰顺县）、河源市（和平县、连平县、紫金县、阳春市）、清远市（佛冈县、连南县、英德市）、东莞市、潮州市（饶平县）、云浮市（郁南县）有野生。

田葱
田葱科 | 田葱属

Philydrum lanuginosum Gaertn.

形态特征　多年生草本，高 25～145 cm。主轴短，具纤维状须根。叶剑形，2 列，顶端渐狭，具 7～9 脉；叶鞘长 14～30 cm，宽 1～1.5 cm。总花轴高可达 1 m，细长圆柱状，密被白色绵毛，通常带有 2 或 3 叶；穗状花序单一，花两性，黄色，无梗；花被外轮 2 片较大，内轮 2 片较小。蒴果三角状长圆形，密被白色绵毛；种子花瓶状，有螺旋状条纹。花期 6～7 月，果期 9～10 月。

生　　境　喜生于近海岸的沼泽地中。

主要分布　广东广州市、深圳市、汕头市（南澳县）、佛山市、韶关市（仁化县）、湛江市（徐闻县）、江门市（台山市）、惠州市（博罗县）、汕尾市（海丰县、陆丰市）、阳江市（阳春市）、东莞市有野生。

鳞籽莎

莎草科 | 鳞籽莎属

Lepidosperma chinense Nees & Meyen ex Kunth

形态特征　多年生草本，高 45～90 cm，具匍匐根状茎和须根。秆丛生，圆柱状或近圆柱状。叶鞘紫黑色、淡紫黑色或麦秆黄色；叶舌不甚显著；叶圆柱状，基生，较秆稍短。苞片具鞘，圆柱状或半圆柱状。圆锥花序紧缩成穗状，小穗密集，纺锤状长圆形，有 1～2 朵花；最下面 2 片鳞片中空无花，其上面 2 片鳞片内各具 1 朵两性花。小坚果椭圆形。花果期 7～12 月，有时在翌年 5 月抽穗。

生　　境　生于山地沼泽。

主要分布　广东广州市（从化区、增城区）、深圳市、韶关市（南雄市、仁化县、乳源县、翁源县、新丰县）、茂名市（高州市）、肇庆市（封开县）、江门市、惠州市（博罗县、惠东县）、梅州市（丰顺县、五华县）、河源市（连平县、紫金县）、阳江市（阳春市）、清远市（佛冈县、连州市、阳山县、英德市）、东莞市、中山市、云浮市（罗定市、郁南县）有野生。

刺子莞 莎草科 | 刺子莞属

Rhynchospora rubra（Lour.）Makino

形态特征　多年生草本，高 30～65 cm 或稍长。秆丛生，基部不具无叶片的鞘。叶基生，叶片
　　　　　狭长，钻状线形，向顶端渐狭，顶端稍钝；苞片 4～10 枚，叶状，不等长。头状花
　　　　　序顶生，球形，单个，棕色，具多数小穗；小穗钻状披针形，具鳞片 7～8 枚，有
　　　　　2～3 朵花。小坚果宽或狭倒卵形，双凸状，成熟后为黑褐色，表面具细点。花果
　　　　　期 5～11 月。

生　　境　生于沼泽或潮湿处，亦能在山坡生长。

主要分布　广东深圳市、江门市、梅州市（丰顺县）、清远市（佛冈县）有野生。

水毛花 莎草科 | 萤蔺属

Schoenoplectiella triangulata（Roxb.）J. Jung & H. K. Choi

形态特征 多年生草本，高 50～120 cm。秆丛生，稍粗壮，锐三棱形，基部具 2 个叶鞘。苞片 1 枚，直立或稍展开。头状花序由 9～20 个小穗组成，无伞梗，假侧生，具多数花；鳞片卵形或长圆状卵形，具红棕色短条纹，背面具 1 条脉；下位刚毛 6 条，不呈羽毛状，有倒刺。小坚果倒卵形或宽倒卵形，扁三棱形。花果期 5～8 月。

生　　境 生于水池、沼泽或溪水边。

主要分布 广东广州市、深圳市、佛山市、韶关市（仁化县、乳源县、翁源县）、湛江市（徐闻县）、茂名市（信宜市）、肇庆市、江门市（恩平市、台山市）、惠州市（博罗县、龙门县）、汕尾市（海丰县）、河源市（紫金县）、阳江市（阳春市）、清远市（连州市、阳山县、英德市）、云浮市有野生。

水葱 莎草科 | 水葱属

Schoenoplectus tabernaemontani（C. C. Gmelin）Palla

形态特征 多年生草本，高 1～2 m。匍匐根状茎粗壮，具许多须根。秆高大，圆柱状，平滑，基部具 3～4 个叶鞘。叶片线形，为秆的延长。聚伞花序简单或复出，假侧生；小穗单生或 2～3 个簇生于辐射枝顶端，卵形或长圆形，长 5～10 mm，具多数花；鳞片椭圆形或宽卵形，脉 1 条；下位刚毛 6 条；柱头 2，长于花柱。小坚果倒卵形或椭圆形，双凸状。花果期 6～9 月。

生　　境 生于湖边、水边和沼泽地。

主要分布 广东深圳市、韶关市（翁源县）、湛江市（廉江市、吴川市）、江门市（台山市）、汕尾市（海丰县）、汕尾市（陆丰市）、东莞市有野生。

水烛 香蒲科 | 香蒲属

Typha angustifolia L.

形态特征　多年生水生或沼生草本，高 1.5～3 m。根状茎乳黄色、灰黄色，先端白色。叶片线形，上部扁平，中部以下腹面微凹，背面向下逐渐隆起呈凸形；叶鞘抱茎。雌雄花序相距 2.5～6.9 cm；雄花序轴具褐色扁柔毛叶状苞片 1～3 枚，花后脱落；雌花序基部具 1 枚叶状苞片。小坚果长椭圆形。种子深褐色。花果期 6～9 月。本种与近似种香蒲（*Typha orientalis* C. Presl）主要区别为香蒲雌雄花序紧密相连。

生　　境　生于湖泊、池塘、沟渠、沼泽及河流缓流带。

主要分布　广东韶关市（南雄市）、清远市（阳山县）有野生。

莼菜 莼菜科 | 莼菜属

Brasenia schreberi J. F. Gmel.

形态特征 多年生水生草本。根状茎具叶及匍匐枝，后者在节部生根，并生具叶枝条及其他匍匐枝。叶2型：漂浮叶互生，盾状，椭圆状矩圆形，下面蓝绿色，全缘，有长叶柄；沉水叶至少在芽时存在。花暗紫色；萼片及花瓣条形，先端圆钝，宿存；花药条形。坚果矩圆卵形。种子卵形。花期6月，果期10~11月。

生　　境 生于水质好、没有污染的湿地池塘中。

主要分布 国家二级保护野生植物。广东韶关市（南雄市有5个分布点）、清远市（阳山县有3个分布点）有野生。

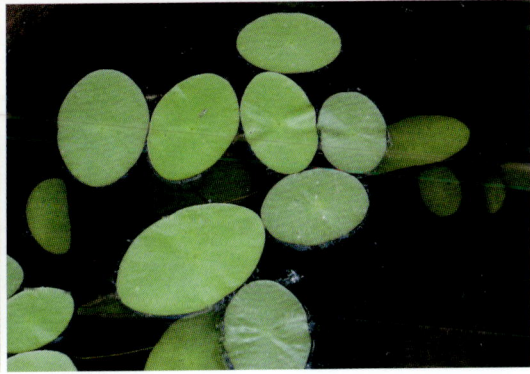

睡莲 睡莲科 | 睡莲属

Nymphaea tetragona Georgi

形态特征 多年水生草本。根状茎短粗。叶二型：浮水叶圆形或卵形，基部具弯缺，心形或箭形，裂片急尖，稍开展或几重合，全缘；沉水叶薄膜质，脆弱。花直径3~5 cm；花萼基部四棱形，萼片宿存；花瓣白色，宽披针形、长圆形或倒卵形，内轮不变成雄蕊，雄蕊比花瓣短。浆果球形。种子椭圆形，黑色。花期6~8月，果期8~10月。

生　　境 生于湖泊、池塘等湿地。

主要分布 广东省重点保护野生植物。广东韶关市（南雄市、仁化县）、清远市（连州市、阳山县）有野生。

菹草　眼子菜科 | 眼子菜属

Potamogeton crispus L.

形态特征　多年生沉水草本，具近圆柱形的根茎。有明显特化的休眠芽。叶同型，全部为条形，沉水，长 3～8 cm，宽 3～10 mm，先端钝圆，基部约 1 mm 与托叶合生，叶缘多少呈浅波状，具疏或稍密的细锯齿。穗状花序顶生，具花 2～4 轮，花小；被片 4，淡绿色。果实卵形，基部连合，顶端具长达 1～2 mm 的喙。花果期 4～7 月。

生　　境　生于池塘、水沟、水稻田、灌渠及缓流河水中，水体多呈酸性至中性。

主要分布　广东韶关市（乐昌市、南雄市、仁化县、翁源县）、肇庆市（怀集县）、江门市（台山市）、惠州市（龙门县）、河源市（连平县）、清远市（连州市、阳山县、英德市）有野生。

竹叶眼子菜（马来眼子菜）眼子菜科 | 眼子菜属

Potamogeton wrightii Morong

形态特征　多年生沉水草本。茎圆柱形，长约 50 cm，不分枝或少分枝。叶全部沉水，长椭圆形或披针形，长 6 ~ 9 cm，宽 1.2 ~ 1.5 cm，具叶柄，先端渐尖，基部钝圆或楔形，边缘浅波状。穗状花序腋生，具花多轮，密集，每轮 3 花。果实为不对称卵形，两侧稍扁，喙向背后弯曲。花果期 6 ~ 10 月。

生　　境　生于渠道、池塘、湖泊、河流等水体中，水体多呈酸性。

主要分布　广东广州市（从化区）、韶关市（乐昌市、始兴县）、肇庆市、清远市（连南县、阳山县、英德市）有野生。

苦草 水鳖科 | 苦草属

Vallisneria natans（Lour.）H. Hara

形态特征 多年生沉水草本。具匍匐茎，白色，光滑或稍粗糙。叶基生，线形或带形，绿色或略带紫红色，常具棕色条纹和斑点，先端圆钝，边缘全缘或具不明显的细锯齿；叶脉 5～9 条，光滑无刺。花单性；雌雄异株；雄佛焰苞卵状圆锥形，每个佛焰苞内含雄花 200 余朵或更多，萼片 3 枚，雄蕊 1 枚，退化雄蕊 3 枚；雌佛焰苞筒状，受精后螺旋状卷曲，雌花单生于佛焰苞内，萼片 3 枚。果实圆柱形。种子倒长卵形，无翅。花期 8～11 月。

生　　境 生于河流、溪沟、池塘、湖泊之中。

主要分布 广东广州市、深圳市、韶关市（乐昌市、仁化县、始兴县）、肇庆市（怀集县）、河源市（紫金县）、清远市（连南县、连州市、阳山县、英德市）、云浮市有野生。

黑藻 水鳖科 | 黑藻属

Hydrilla verticillata（L. f.）Royle

形态特征 多年生沉水草本。茎圆柱形，质较脆。休眠芽长卵圆形。苞叶多数，螺旋状紧密排列，白色或淡黄绿色。叶 3～8 枚轮生，线形或长条形，常具紫红色或黑色小斑点，先端锐尖，边缘锯齿明显。花单性，雌雄同株或异株；雄佛焰苞近球形，雄花萼片3 枚，白色，花瓣 3 朵，白色或粉红色；雌佛焰苞管状，苞内雌花 1 朵。果实常有 2～9 个刺状凸起。种子茶褐色。花果期 5～10 月。

生　　境 生于水体流动的池塘、水沟、湖泊中。

主要分布 广东广州市、深圳市、汕头市（南澳县）、韶关市（仁化县、乳源县、始兴县、翁源县）、肇庆市、惠州市（惠东县）、梅州市（五华县）、河源市（紫金县）、阳江市（阳春市）、清远市（连州市、英德市）、云浮市（郁南县）有野生。

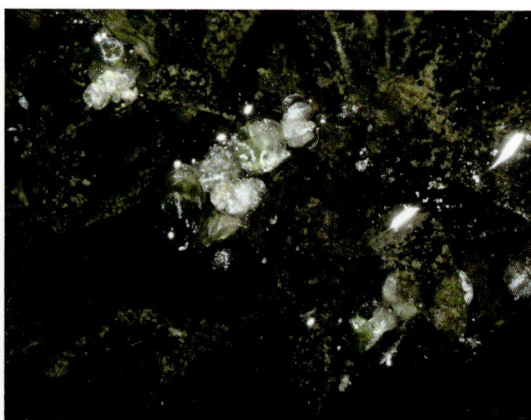

金鱼藻 金鱼藻科 | 金鱼藻属

Ceratophyllum demersum L.

形态特征　多年生沉水草本，茎长 40～150 cm。叶 4～12 轮生，1～2 次二叉状分歧，裂片丝状，或丝状条形，先端带白色软骨质，边缘仅一侧有数细齿。花小；苞片条形，浅绿色，透明，先端有 3 齿及带紫色毛。坚果宽椭圆形，有 3 刺，顶生刺 1 个，先端具钩，基部 2 刺。花期 6～7 月，果期 8～10 月。

生　　境　生于池塘及缓流的河水中。

主要分布　广东深圳市、韶关市（乐昌市、仁化县、乳源县、翁源县）、肇庆市、惠州市（博罗县）、清远市（英德市）、云浮市（郁南县）有野生。

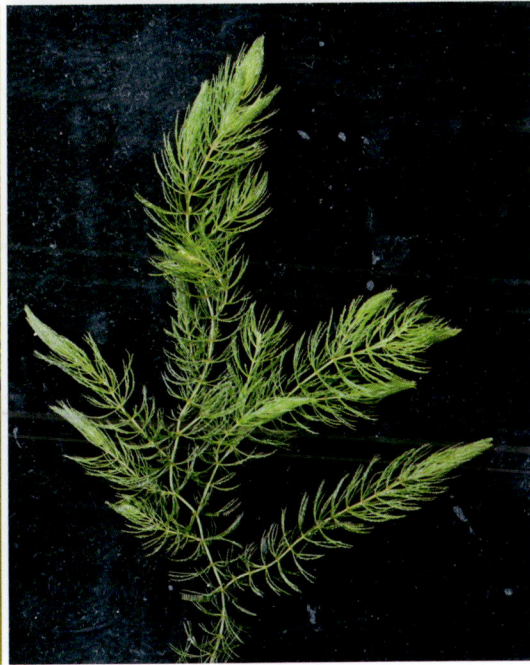

凤眼蓝（凤眼莲、水葫芦）雨久花科 | 梭鱼草属

Pontederia crassipes Mart.

形态特征 浮水草本，高 30～60 cm。须根发达，棕黑色。茎极短，具长匍匐枝。叶在基部丛生，莲座状排列，叶片圆形，宽卵形或宽菱形，全缘，具弧形脉；叶柄长短不等，中部膨大成囊状或纺锤形，内有气室。花葶从叶柄基部的鞘状苞片腋内伸出，穗状花序，通常具 9～12 朵花；花被裂片 6 枚，花瓣状，紫蓝色，花冠略两侧对称。蒴果卵形。花期 7～10 月，果期 8～11 月。

生　　境 生于湖泊、池塘、沟渠及稻田中。

主要分布 入侵植物，广东各地常见。

喜旱莲子草（空心莲子草）苋科 | 莲子草属

Alternanthera philoxeroides（Mart.）Griseb.

形态特征 多年生草本，长 55～120 cm。茎基部匍匐，上部上升，节部生根。叶片矩圆形、矩圆状倒卵形或倒卵状披针形，顶端急尖或圆钝，基部渐狭，全缘。花密生，形成总花梗的头状花序，单生于叶腋，球形；苞片及小苞片白色；花被片矩圆形，长 5～6 mm，白色。花期 5～10 月。

生　　境 生于池沼、水沟内。

主要分布 广东广州市（从化区）、深圳市、珠海市、汕头市（南澳县）、佛山市、韶关市（乐昌市、南雄市、仁化县）、湛江市（徐闻县）、茂名市（信宜市）、肇庆市（封开县）、惠州市（博罗县、惠东县）、梅州市（五华县）、河源市（紫金县）、清远市（佛冈县、连南县、英德市）、东莞市、中山市、潮州市、揭阳市（普宁市）、云浮市（郁南县）有野生。

水龙 柳叶菜科 | 丁香蓼属

Ludwigia adscendens（L.）H. Hara

形态特征 多年生浮水或上升草本，浮水茎长可达 3 m，直立茎高达 60 cm。浮水茎节上常簇生圆柱状或纺锤状白色海绵状贮气的根状浮器，具多数须状根。叶倒卵形、椭圆形或倒卵状披针形，先端常钝圆，基部狭楔形。花单生于上部叶腋，花瓣乳白色，基部淡黄色，倒卵形；雄蕊 10 枚，为萼片 2 倍；花丝白色。蒴果淡褐色，圆柱状。种子淡褐色。花期 5~8 月，果期 8~11 月。

生　　境 生于水田、浅水塘、河沟等地。

主要分布 广东广州市（从化区、增城区）、深圳市、汕头市、韶关市（乐昌市、南雄市、仁化县、新丰县）、湛江市、茂名市（高州市）、肇庆市（封开县）、惠州市（博罗县、惠东县）、梅州市（五华县）、河源市（和平县）、阳江市（阳春市）、清远市（佛冈县、英德市）、东莞市、中山市有野生。

水皮莲 睡菜科 | 荇菜属

Nymphoides cristata（Roxb.）Kuntze

形态特征 多年生水生草本。茎不分枝，形似叶柄，顶生单叶。叶漂浮，近革质，宽卵圆形或近圆形，下面密生腺体，基部心形，全缘，具不明显的掌状叶脉。花多数，簇生节上，5 朵；花冠白色，基部黄色，分裂近基部，有 ·隆起的纵褶达裂片两端，花冠裂片腹面无毛。蒴果近球形。种子常少数，黄色，近球形，表面粗糙或光滑。花果期 9 月。

生　　境 生于湖泊、池沼中。

主要分布 广东广州市、珠海市、韶关市（仁化县、翁源县）、茂名市（高州市）、肇庆市、江门市（恩平市）、阳江市（阳春市）、清远市（英德市）、东莞市有野生。

黄花狸藻 狸藻科 | 狸藻属

Utricularia aurea Lour.

形态特征 水生草本。假根通常不存在。匍匐枝圆柱形，具分枝。叶器多数，3～4深裂达基部，裂片先羽状深裂，后一至四回二歧状深裂，末回裂片毛发状。捕虫囊通常多数，斜卵球形。花序直立，中部以上具3～8朵多少疏离的花，无鳞片；苞片基部着生，宽卵圆形，非耳状；花冠黄色，喉部有时具橙红色条纹。蒴果球形，顶端具喙状宿存花柱，周裂。种子多数，压扁，具细小的网状凸起。花期6～11月，果期7～12月。

生　　境 生于湖泊、池塘和稻田中。

主要分布 广东广州市、深圳市、佛山市、韶关市（乐昌市、南雄市、仁化县、翁源县）、湛江市（廉江市）、肇庆市（德庆县）、惠州市（博罗县）、梅州市（五华县）、河源市（紫金县）、阳江市（阳春市）、清远市（英德市）有野生。

露兜树（露兜簕、野菠萝）露兜树科 | 露兜树属

Pandanus tectorius Parkinson

形态特征　常绿分枝灌木或小乔木，高 1～4 m。枝干分枝。叶簇生于枝顶，三行紧密螺旋状排列，条形，长达 80 cm，宽 4 cm，先端渐狭成一长尾尖。雄花序由若干穗状花序组成；佛焰苞长披针形，近白色；雄花芳香，雄蕊常为 10 余枚，多可达 25 枚；雌花序头状，圆球形；佛焰苞多枚，乳白色。聚花果大，向下悬垂，由 40～80 个核果束组成，宿存柱头稍凸起呈乳头状、耳状或马蹄状。花期 1～5 月。

生　　境　生于海边沙地或岩石性海岸。

主要分布　广东广州市（从化区、增城区）、深圳市、茂名市、肇庆市（封开县）、江门市、惠州市（博罗县）、梅州市（丰顺县、五华县）、河源市（东源县、紫金县）、清远市（佛冈县、连山县、英德市）、中山市、云浮市（郁南县）有野生。

短叶茳芏 莎草科 | 莎草属

Cyperus malaccensis subsp. *monophyllus*（Vahl）T. Koyama

形态特征 匍匐根状茎长，木质。秆高 80～100 cm，锐三棱形。基部具 1～2 片叶，叶片短或有时极短，宽 3～8 mm，平张。苞片 3 枚，叶状；聚伞花序复出或多次复出，穗状花序松散，具 5～10 个小穗；小穗极展开，线形，宽约 1.5 mm，具 10～42 朵花；小穗轴具狭的透明的翅，线形；鳞片椭圆形或长圆形。小坚果狭长圆形，成熟时黑褐色。花果期 6～11 月。

生　　境 多生于河旁、沟边等近水处。

主要分布 广东深圳市、茂名市、东莞市有野生。

芦苇 禾本科 | 芦苇属

Phragmites australis (Cav.) Trin. ex Steud.

形态特征　多年生草本，高 1～3 m。根状茎十分发达，秆直立，具 20 多节，节下被蜡粉。叶舌边缘密生一圈长约 1 mm 的短纤毛；叶片披针状线形，顶端长渐尖成丝形。圆锥花序大型，分枝多数，着生稠密下垂的小穗；小穗长 13～20 mm，含 4 朵花；第一不育外稃明显增长，基盘两侧密生等长于外稃的丝状柔毛。颖果。花果期 8～12 月。

生　　境　生于河口，常以迅速扩展的繁殖能力形成连片的芦苇群落。

主要分布　广东广州市、深圳市、珠海市、韶关市（乐昌市、仁化县、乳源县）、湛江市（徐闻县）、肇庆市、惠州市（博罗县、惠东县）、梅州市（丰顺县）、河源市（紫金县）、阳江市（阳春市）、清远市（佛冈县、英德市）、东莞市、中山市有野生。

卡开芦 禾本科 | 芦苇属

Phragmites karka（Retz.）Trin. ex Steud.

形态特征 多年生草本，茎高 4～6 m。根状茎粗而短，节间较短。秆高大直立，粗壮不具分
枝。叶片扁平宽广，顶端长渐尖呈丝形，基部与鞘等宽，不易脱离。圆锥花序大
型，具稠密分枝与小穗；小穗长 8～10 mm，含 4～6 朵小花；颖窄椭圆形；第一不
育外稃不明显增长，基盘疏生较短的丝状柔毛。花果期 8～12 月。

生　　境 生于河口，常形成大片的群落。

主要分布 广东广州市（从化区）、深圳市、珠海市、韶关市（乐昌市、南雄市、始兴县、新
丰县）、茂名市（信宜市）、肇庆市、惠州市（博罗县、龙门县）、梅州市、河源市
（紫金县）、阳江市（阳春市）、清远市（连州市、阳山县）、东莞市有野生。

匍匐滨藜 苋科 | 滨藜属

Atriplex repens Roth

形态特征 小灌木，高 20～50 cm。茎外倾或平卧，下部常生有不定根。枝互生。叶互生，宽卵形至卵形，肥厚，全缘，两面均为灰绿色，覆盖密集粉状物。花于枝的上部集成有叶的短穗状花序；雄花花被锥形；雌花的苞片果时三角形至卵状菱形，边缘具不整齐锯齿，靠基部的中心部木栓质臌胀，黄白色，中线两侧常常各有 1 个向上的凸出物。胞果扁，卵形。果期 12 月至翌年 1 月。

生　　境 生于海滨空旷沙地。

主要分布 广东湛江市（雷州市）有野生。

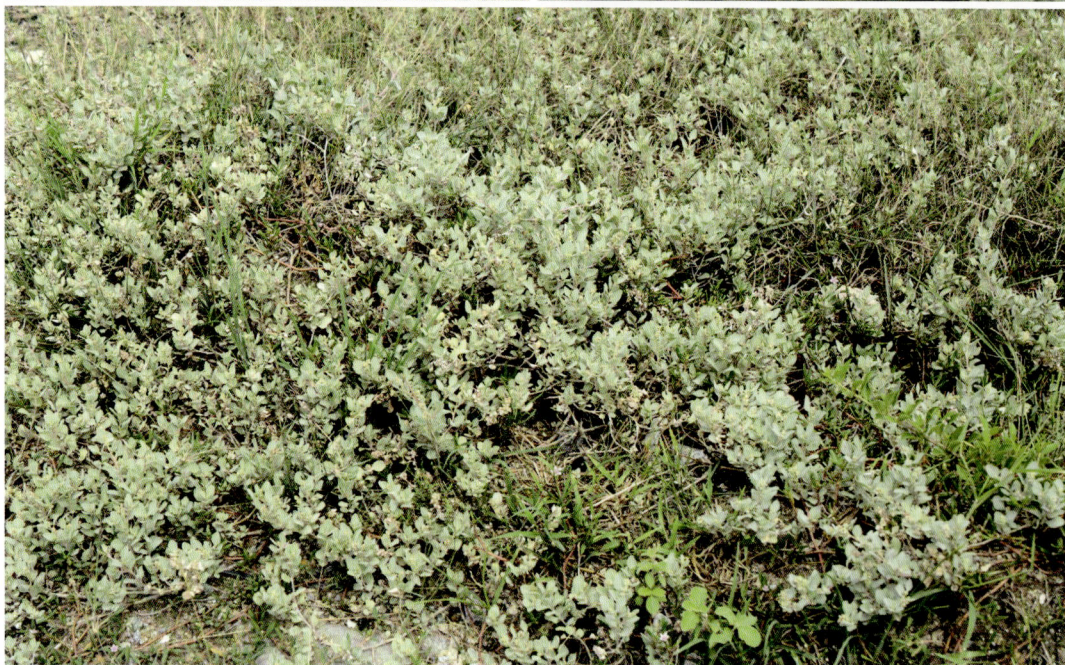

狭叶尖头叶藜 苋科 | 藜属

Chenopodium acuminatum Willd. subsp. *virgatum*（Thunb.）Kitam.

形态特征 一年生草本，高 20～80 cm。茎直立，具条棱及绿色色条。叶片卵状长圆形或卵状披针形至披针形，小而较狭，长 1～2 cm，宽 0.3～1 cm，有短尖头，基部宽楔形、圆形或近截形，全缘并具半透明的环边。花两性，团伞花序排列成穗状或穗状圆锥状花序，花在花序上排列紧密，花序轴具圆柱状毛束；花被 5 深裂。胞果。种子横生，黑色。花期 6～7 月，果期 8～9 月。

生　　境 生于海滨、湖边、荒地等处。

主要分布 广东深圳市、江门市（台山市）、阳江市、东莞市有野生。

南方碱蓬 苋科 | 碱蓬属

Suaeda australis（R. Br.）Moq.

形态特征　小灌木，高20～50 cm。茎多分枝，下部常生有不定根。叶条形，半圆柱状，粉绿色或带紫红色，先端急尖或钝，基部渐狭，具关节。团伞花序含1～5朵花，腋生；花被稍肉质，绿色或带紫红色，5深裂；柱头2，近锥形，直立，不外弯。胞果扁圆形。种子双凸镜状，黑褐色，表面有微点纹，不清晰。花果期7～11月。

生　　境　生于滩涂沙地、红树林林缘、盐田堤埂等处。

主要分布　广东东莞市、深圳市有野生。

海马齿
番杏科 | 海马齿属

Sesuvium portulacastrum（L.）L.

形态特征 多年生肉质草本。茎平卧或匍匐，绿色或红色，有白色瘤状小点，多分枝，常节上生根，长 20～50 cm。叶片厚，肉质，线状倒披针形或线形，对生。花小，单生叶腋，无花瓣；花萼长 6～8 mm，萼管外面绿色，内面红色；子房上位，3～5 室，花柱 3，稀 4 或 5。蒴果卵形。种子小，种皮平滑，亮黑色。花期 4～7 月。

生　　境 生于近海岸的沙地上。

主要分布 广东深圳市、湛江市、江门市（台山市）、惠州市、汕尾市（海丰县、陆丰市）、阳江市、东莞市有野生。

互花米草 禾本科 | 米草属

Spartina alterniflora Loisel.

形态特征　多年生草本，高（0.5）1~2（3）m。根状茎粗长，深可达 1 m。茎秆直立、粗壮，茎节具叶鞘，叶腋有腋芽。叶片互生，长披针形，长 10~90 cm，宽 1~2 cm，质硬，具盐腺。穗状花序，小穗单生，无毛，侧扁。花期 8~10 月，种子 12 月左右成熟。

生　　境　生于河口、海湾等沿海滩涂的潮间带及受潮汐影响的河滩上，并形成密集的单物种群落。

主要分布　入侵植物，广东深圳市、珠海市、湛江市（雷州市、廉江市、徐闻县）、惠州市、东莞市、中山市有分布。

厚藤（马鞍藤）旋花科 | 番薯属

Ipomoea pes-caprae（L.）R. Br.

形态特征 多年生草本，全株无毛。茎平卧，有时缠绕。叶肉质，卵形、椭圆形、圆形、肾形或长圆形，长3.5～9 cm，宽3～10 cm，顶端微缺或2裂，裂片圆，裂缺浅或深。多歧聚伞花序，有时仅1朵发育；苞片小，早落；萼片无毛；花冠紫色或深红色，漏斗状，长4～5 cm。蒴果球形。种子三棱状圆形。花期几乎全年，以夏秋为盛。

生　　境 多生于沙滩上及路边向阳处。

主要分布 广东深圳市、珠海市、汕头市（南澳县）、湛江市（徐闻县）、茂名市、江门市（台山市）、惠州市、汕尾市（陆丰市）、阳江市、东莞市、中山市、揭阳市（惠来县）有野生。

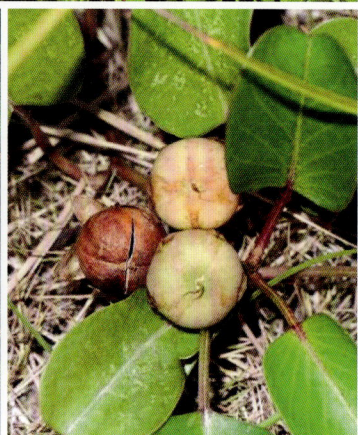

盐地鼠尾粟 禾本科 | 鼠尾粟属

Sporobolus virginicus（L.）Kunth

形态特征 多年生草本，高 15～60 cm。具木质、被鳞片的根状茎。秆细，质较硬。叶鞘紧裹茎；叶舌甚短，纤毛状；叶片质较硬，新叶和下部者扁平，老叶和上部者内卷呈针状，顶生者变短小。圆锥花序紧缩穗状，灰绿色，长 3.5～10 cm，分枝贴生穗轴，小穗长 1.7～2 mm；颖具 1 脉；内稃与外稃等长。囊果。花果期 6～9 月。

生　　境 生于沿海的海滩盐地上、田野沙土中、河岸或石缝间。

主要分布 广东广州市、深圳市、东莞市有野生。

木榄 红树科 | 木榄属

Bruguiera gymnorhiza（L.）Savigny

形态特征 乔木或灌木。树皮灰黑色，有粗糙裂纹。叶椭圆状矩圆形，顶端短尖，基部楔形；托叶淡红色。花单生，盛开时长 3～3.5 cm，有长 1.2～2.5 cm 的花梗；萼平滑无棱，暗黄红色，裂片 11～13，结果时不反卷；花瓣长 1.1～1.3 cm，中部以下密被长毛，上部无毛或几无毛。胚轴长 15～25 cm。花果期几乎全年。

生　　境 生于浅海盐滩，尤其偏好扎根于稍干旱、空气流通、伸向内陆的盐滩，多散生于秋茄树的灌丛中。

主要分布 广东深圳市、湛江市（廉江市、遂溪县、徐闻县）、江门市（台山市）、阳江市有野生。

秋茄树（秋茄） 红树科 | 秋茄树属

Kandelia obovata Sheue, H. Y. Liu & J. W. H. Yong

形态特征　小乔木，高 1～3（8）m，具支柱根。树皮平滑，灰色至棕色。叶椭圆形、长圆形或倒卵状长圆形，交互对生，长 4～12 cm，宽 2～5 cm，先端钝或圆形，基部楔形至渐狭，全缘。二歧聚伞花序；花萼裂片 5，花后外反；花瓣白色，裂片丝状，早落。胚轴棍棒状或圆柱形，长 15～23 cm。果实卵球形。花果期几乎全年。

生　　境　生于浅海和河流出口冲积带的盐滩，尤其偏好海湾淤泥冲积深厚的泥滩。在一定立地条件上，常组成单优势种灌木群落，它既能在盐度较高的海滩生长，也能适应淡水泛滥的地区，且能耐淹，往往在涨潮时淹没过半或几达顶端而无碍，在海浪较大的地方，其支柱根特别发达，但生长速度中等，

主要分布　广东深圳市、汕头市、湛江市（雷州市、廉江市、徐闻县）、江门市（台山市）、阳江市、东莞市、中山市有野生。

红海榄（红海兰）红树科 | 红树属

Rhizophora stylosa Griff.

形态特征 乔木或灌木。主干下部接近地面的基部有很发达的支柱根。叶椭圆形或矩圆状椭圆形，顶端凸尖或钝短尖，基部阔楔形。总花梗略纤细，从当年生的叶腋长出，与叶柄等长或稍长，有花 2 至多朵；花萼裂片淡黄色；花瓣边缘被白色长毛；雄蕊 8 枚，4 枚瓣上着生，4 枚萼上着生；子房上部不高出花盘，花柱线形，长 4 ~ 6 mm，柱头不明显的 2 裂。成熟的果实倒梨形；胚轴圆柱形。花果期秋冬季。

生　　境 生于海岸泥滩上。

主要分布 广东湛江市（徐闻县、廉江市）、阳江市有野生。

角果木 红树科 | 角果木属

Ceriops tagal（Perr.）C. B. Rob.

形态特征　灌木或乔木，高 2～5 m。树干常弯曲。叶倒卵形至倒卵状矩圆形，交互对生，顶端圆形或微凹，基部楔形；托叶披针形。聚伞花序腋生，具总花梗，分枝，有花 2～4（10）朵，花小；花萼裂片小，革质，花时直，果时外反或扩展；花瓣白色，短于花萼，顶端有 3 枚或 2 枚微小的棒状附属体，但不分裂成流苏状。果实圆锥状卵形。花期秋冬季，果期冬季。

生　　境　生于潮涨时仅淹没树干基部的泥滩和海湾内的沼泽地。耐盐性很强，但很不耐海水淹没和风浪冲击，没有明显的支柱根，仅借基部侧根变粗而起支持作用，耐寒性较强，经过严寒的冬季，翌年仍能继续生长，但生长慢。

主要分布　广东湛江市（徐闻县）有野生。

对叶榄李（拉关木、拉贡木）使君子科 | 对叶榄李属

Laguncularia racemosa（L.）C. F. Gaertn.

形态特征 乔木，高 8～10 m。树干圆柱形，有指状呼吸根。单叶对生，全缘，厚革质，长椭圆形，先端钝或有凹陷，基部有一对腺体，叶柄正面红色，背面绿色。总状花序腋生，花小，白色；隐胎生果卵形或倒卵形，长 2～2.5 cm，有隆起的脊棱，成熟时黄色。花期 2～9 月，果期 7～11 月。

生　　境 生于沙滩或泥滩。有较高的繁殖体扩散能力，果实一成熟就随波逐流四处飘散并落地生根，入侵性强。

主要分布 广东沿海有引进栽培。

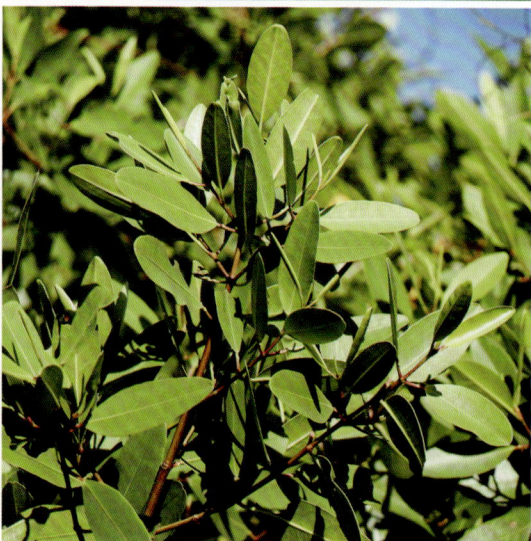

榄李 使君子科 | 榄李属

Lumnitzera racemosa Willd.

形态特征 常绿灌木或小乔木，高约 8 m。枝红色或灰黑色，具明显的叶痕。叶常聚生枝顶，叶片厚，肉质，绿色，匙形或狭倒卵形，先端钝圆或微凹，基部渐尖。总状花序腋生，花序梗压扁，有花 6~12 朵；小苞片 2 枚，鳞片状三角形；花瓣 5 枚，白色，细小而芳香；雄蕊不超出花冠外，与花瓣等长。果成熟时褐黑色，卵形至纺锤形，果柄长约 1 mm。种子 1 粒，圆柱状。花果期 12 月至翌年 3 月。

生　　境 喜生于中潮滩或高潮滩。

主要分布 广东湛江市（雷州市、廉江市、徐闻县）有野生。

无瓣海桑 千屈菜科 | 海桑属

Sonneratia apetala Buch.-Ham.

形态特征　乔木，高 15（20）m。树干圆柱形，茎干灰色，末级小枝下垂。有笋状呼吸根伸出水面，高可达 1.5 m。叶对生，叶片狭椭圆形至披针形，先端逐渐变细，基部渐狭。总状花序，有花 3~7 朵；萼片 4（6）枚，绿色；无花瓣；花丝白色。柱头盾状。浆果球形。种子多数。花期 5~12 月，果期 8 月至翌年 4 月。

生　　境　生于海岸滩涂，土壤为盐土，潮间带滩涂优良的先锋造林树种，但入侵性极强。

主要分布　广东广州市、深圳市、珠海市、湛江市（徐闻县）、惠州市、东莞市、中山市有引进栽培。

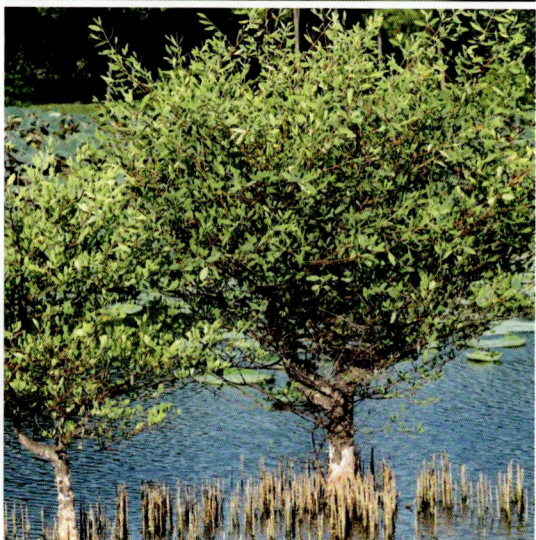

海桑 千屈菜科 | 海桑属

Sonneratia caseolaris（L.）Engl.

形态特征 乔木，高 5～6 m，小枝通常下垂。叶形状变异大，阔椭圆形、矩圆形至倒卵形，顶端钝尖或圆形，基部渐狭而下延成一短宽的柄；萼筒平滑无棱，浅杯状，果时碟形，裂片平展，通常 6，内面绿色或黄白色，比萼筒长；花瓣条状披针形，暗红色；花丝粉红色或上部白色，下部红色；柱头头状。果实扁球形。花期冬季，果期春夏季。

生　　境 生于海边泥滩。

主要分布 广东深圳市常见栽培。

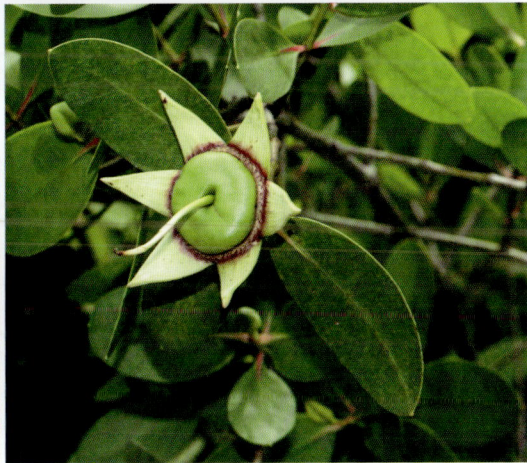

蜡烛果（桐花树）报春花科 | 蜡烛果属

Aegiceras corniculatum（L.）Blanco

形态特征 灌木或小乔木，高 1.5～4 m。小枝光滑。叶互生，于枝条顶端近对生，倒卵形、椭圆形或广倒卵形，顶端圆形或微凹，基部楔形，全缘，两面密布小窝点。伞形花序，有花 10 余朵，花序梗光滑，无锈毛；花萼仅基部连合；花冠白色，钟形，里面被长柔毛，花时反折，花后全部脱落。蒴果圆柱形，弯曲如新月形。花期 12 月至翌年 1～2 月，果期 10～12 月，有时花期 4 月，果期 2 月。

生　　境 生于海边潮水涨落的污泥滩上。

主要分布 广东深圳市、珠海市、江门市、东莞市、中山市有野生。

海榄雌（白骨壤）爵床科 | 海榄雌属

Avicennia marina（Forssk.）Vierh.

形态特征 灌木，高 1.5～6 m。枝条有隆起条纹，小枝四方形，光滑无毛。叶片近无柄，革质，卵形至倒卵形、椭圆形，顶端钝圆，基部楔形。聚伞花序紧密呈头状，花小；苞片 5 枚，有内外 2 层，外层密生茸毛；花萼顶端 5 裂，外面有茸毛；花冠黄褐色，顶端 4 裂。果近球形，有毛。花果期 7～10 月。

生　　境 生于海边泥滩和盐沼地带。

主要分布 广东深圳市、湛江市（徐闻县）、江门市（台山市）、惠州市（惠东县）、汕尾市（海丰县）、阳江市、东莞市有野生。

卤蕨 凤尾蕨科 | 卤蕨属

Acrostichum aureum L.

形态特征 多年生草本，高可达 2 m。叶簇生，厚革质，光滑，奇数一回羽状，羽片多达 30 对，基部一对对生，略较其上的为短，中部的互生，长舌状披针形，顶端圆而有小凸尖，或凹缺而呈双耳，凹入处有微凸尖，基部楔形，全缘，通常上部的羽片较小，能育。叶脉网状，两面可见。孢子囊满布能育羽片下面，无盖。

生　　境 生于海岸边泥滩或河岸边。

主要分布 广东广州市、深圳市、珠海市、湛江市（徐闻县）、茂名市、江门市（台山市）、汕尾市（海丰县）、阳江市（阳春市）、东莞市、中山市有野生。

老鼠簕 爵床科 | 老鼠簕属

Acanthus ilicifolius L.

形态特征 直立灌木，高达 2 m。茎粗壮，圆柱状，上部有分枝。托叶刺状；叶片长圆形至长圆状披针形，先端急尖，基部楔形，边缘 4~5 羽状浅裂，近革质；主脉在上面凹下，主侧脉在背面明显凸起，无毛，侧脉自裂片顶端凸出为尖锐硬刺。穗状花序顶生；苞片 2 枚，对生；花萼裂片 4 枚；花冠白色，上唇退化，下唇倒卵形。蒴果椭圆形。种子圆肾形。花期 2~3 月，果期 8~9 月。

生　　境 生于海岸及潮汐能到达的滨海地带。

主要分布 广东湛江市（廉江市）、湛江市（徐闻县）、江门市（台山市）、东莞市有野生。

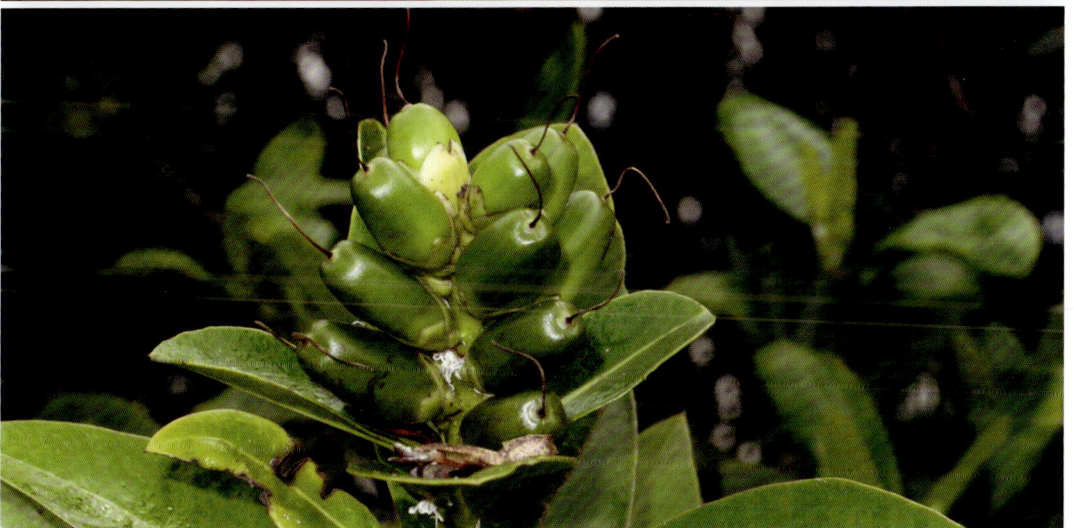

海刀豆 豆科 | 刀豆属

Canavalia rosea（Sw.）DC.

形态特征　缠绕草质藤本。羽状复叶具 3 小叶；托叶小；小叶倒卵形、卵形、椭圆形或近圆形，先端通常圆，截平、微凹或具小凸头，稀渐尖，基部楔形至近圆形。总状花序腋生，花 1～3 朵聚生于花序轴近顶部的每一节上；花萼钟状；花冠紫红色，旗瓣圆形，翼瓣镰状，具耳，龙骨瓣长圆形。荚果线状长圆形，长 8～12 cm，宽 2～2.5 cm，顶端具喙尖。种子椭圆形，种皮褐色。花期 6～7 月。

生　　境　喜生于海边沙质土壤上、村庄旁、河岸树丛中，平地常见。

主要分布　广东深圳市、肇庆市、东莞市有野生。

鱼藤（三叶鱼藤）豆科 | 鱼藤属

Derris trifoliata Lour.

形态特征　攀缘状灌木。羽状复叶，小叶通常 2 对，无毛，有时 1 对或 3 对，卵形或卵状长椭圆形，先端渐尖，钝头，基部圆形或微心形。总状花序腋生，花梗聚生；花萼钟状；花冠白色或粉红色，旗瓣近圆形，翼瓣和龙骨瓣狭长椭圆形。荚果斜卵形、圆形或阔长椭圆形，仅于腹缝有狭翅。种子 1～2 粒。花期 4～8 月，果期 8～12 月。

生　　境　多生于沿海河岸灌木丛、海边灌木丛或近海岸的红树林中。

主要分布　广东沿海地区常见。

水黄皮 豆科 | 水黄皮属
Pongamia pinnata（L.）Pierre

形态特征 乔木，高 8～15 m。奇数羽状复叶长 20～25 cm；小叶 2～3 对，卵形、阔椭圆形至长椭圆形，先端短渐尖或圆形，基部宽楔形、圆形或近截形；无托叶。总状花序腋生，通常 2 朵花簇生于花序总轴的节上；花冠白色或粉红色，各瓣均具柄。荚果扁，木质，顶端有微弯曲的短喙，不开裂，沿缝线处无隆起的边或翅。种子 1 粒，肾形。花期 5～6 月，果期 8～10 月。

生　　境 生于溪边、塘边及海边潮汐能到达的地方。

主要分布 广东深圳市、茂名市（信宜市）、清远市（英德市）、东莞市、中山市有野生。

海漆 大戟科 | 海漆属

Excoecaria agallocha L.

形态特征 常绿乔木，高 2～3 m，稀有更高。叶互生，近革质，叶片椭圆形或阔椭圆形，少有卵状长圆形，基部钝圆或阔楔形，边全缘或有不明显的疏细齿；叶柄顶端有 2 个圆形的腺体；托叶卵形。花单性，雌雄异株，聚集成腋生、单生或双生的总状花序；雄花苞片仅含 1 朵花；雌花花梗比雄花的略长。蒴果球形，具 3 沟槽。种子球形。花果期 1～9 月。

生　　境 生于滨海潮湿处。

主要分布 广东深圳市、珠海市、汕头市、湛江市（徐闻县）、湛江市、江门市（台山市）、惠州市（惠东县）、阳江市有野生。

血桐 大戟科 | 血桐属

Macaranga tanarius（L.）Muell. Arg. var. *tomentosa*（Blume）Müll. Arg.

形态特征　乔木，高 5～10 m。叶纸质或薄纸质，近圆形或卵圆形，顶端渐尖，基部钝圆，盾状着生，全缘或叶缘具浅波状小齿；托叶膜质，长三角形或阔三角形，长 1.5～3 cm，宽 0.7～2 cm。雄花序圆锥状；苞片卵圆形，边缘流苏状，被柔毛，苞腋具花约 11 朵；雄花雄蕊（4）5～6（10）枚；雌花小花序轴直，子房 2～3 室，近脊部具软刺数枚。蒴果密被颗粒状腺体和数枚软刺。种子近球形。花期 4～5 月，果期 6 月。

生　　境　生于沿海低山灌木林或次生林中，红树林偶见伴生。

主要分布　广东深圳市、江门市、惠州市（博罗县）、东莞市、中山市有野生。

黄槿 锦葵科 | 黄槿属

Talipariti tiliaceum（L.）Fryxell

形态特征 常绿灌木或乔木，高 4～10 m。叶革质，近圆形或广卵形，先端凸尖，有时短渐尖，基部心形，全缘或具不明显细圆齿，上面绿色，下面密被灰白色星状柔毛；托叶长圆形，初包围叶芽呈鞘状，早落。花序顶生或腋生，常数花排列成聚伞花序；总花梗基部小苞片 7～10 枚，中部以下连合成杯状；花冠钟形，花瓣黄色，内面基部暗紫色。蒴果卵圆形。种子光滑，肾形。花期 6～8 月。

生　　境 耐盐碱能力好，生性强健，耐旱、耐贫瘠，土壤以沙质壤土为佳。抗风力强，有防风定沙的功效。

主要分布 广东珠海市、汕头市（南澳县）、湛江市（徐闻县）、茂名市、江门市（台山市）、惠州市、汕尾市（海丰县）、阳江市、东莞市、中山市有野生。

桐棉（杨叶肖槿）锦葵科 | 桐棉属

Thespesia populnea（L.）Soland. ex Corr.

形态特征　常绿乔木，高 6～10 m。小枝具褐色盾形细鳞秕。叶卵状心形，先端长尾状，基部心形，全缘，上面无鳞秕，黄绿色，下面被稀疏鳞秕。花单生于叶腋间；小苞片 3～4 枚，常早落；花萼杯状，截形；花冠钟形，黄色，内面基部具紫色块 。蒴果梨形，外果皮不开裂。种子三角状卵形。花期近全年。

生　　境　半红树植物。常生于海边和海岸向阳处。

主要分布　广东深圳市、湛江市（雷州市、廉江市）、茂名市、东莞市有野生。

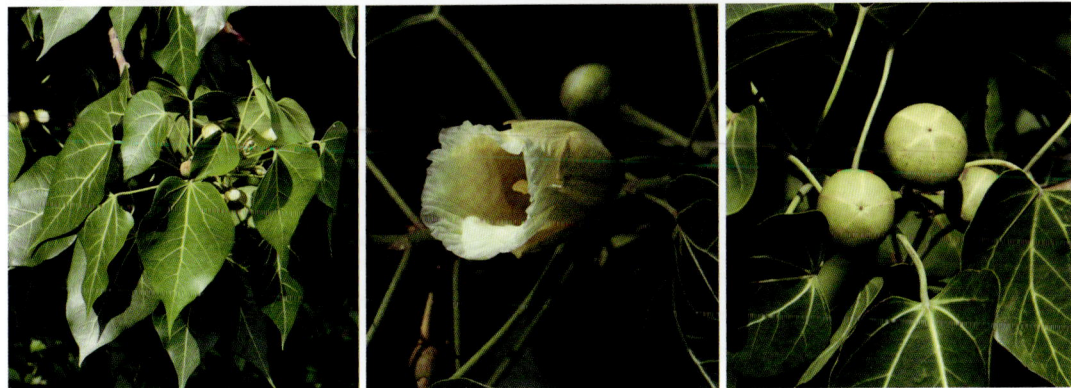

银叶树 锦葵科 | 银叶树属

Heritiera littoralis Dryand.

形态特征 常绿乔木，高约 10 m，具板状干基。小枝幼时被白色鳞秕。叶革质，矩圆状披针形、椭圆形或卵形，顶端锐尖或钝，基部钝；叶柄长 1～2 cm；托叶披针形，早落。圆锥花序腋生，花红褐色；萼钟状，5 浅裂；花药 4～5 个在雌雄蕊柄顶端排成一环。果木质，坚果状，背部有龙骨状凸起。种子卵形。花期夏季，果期秋季。

生　　境 具有抗风、耐盐碱、耐水浸的特性，于潮间带、陆地上均能生长。

主要分布 广东深圳市、湛江市（雷州市、廉江市）、江门市（台山市）有野生。

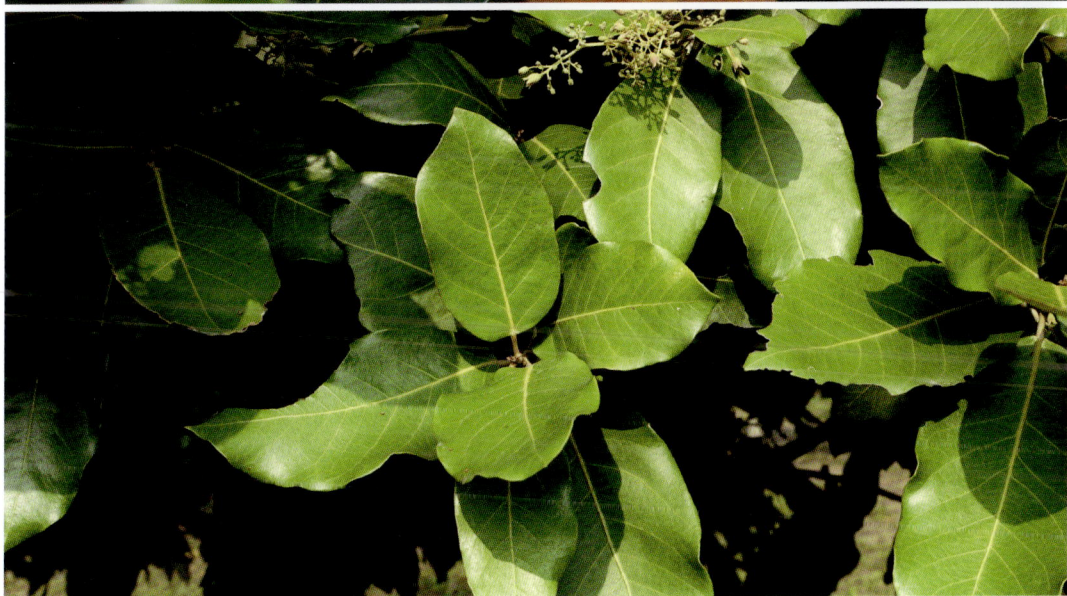

玉蕊 玉蕊科 | 玉蕊属

Barringtonia racemosa（L.）Spreng.

形态特征 常绿小乔木或中等大乔木，稀灌木状，高可达 20 m。叶常丛生枝顶，倒卵形至倒卵状椭圆形或倒卵状矩圆形，顶端短尖至渐尖，基部钝形，常微心形。总状花序顶生，稀在老枝上侧生，下垂，长达 70 cm 或更长；花疏生，萼撕裂为 2～4 片，长 0.7～1.3 cm；花瓣 4 片，长 1.5～2.5 cm。果实卵圆形，无腺点，微具 4 钝棱。种子卵形。花期几乎全年。

生　　境 生于滨海地区林中。

主要分布 广东湛江市（遂溪县）有野生。

海杧果（海芒果、海檬果）夹竹桃科 | 海杧果属

Cerbera manghas L.

形态特征 乔木，高 4~8 m。叶厚纸质，倒卵状长圆形或倒卵状披针形，稀长圆形，顶端钝或短渐尖，基部楔形。花冠筒高脚碟状，花萼裂片不等大，花白色，背面左边染淡红色，芳香，喉部染红色；心皮 2，离生。核果双生或单个，阔卵形或球形。种子通常 1 粒。花期 3~10 月，果期 7 月至翌年 4 月。

生　　境 生于海滨湿地，是优良的海岸防护林树种。

主要分布 广东广州市、深圳市、湛江市（雷州市、廉江市）、江门市（台山市）、东莞市、中山市有野生。

苦郎树（假茉莉、许树）唇形科 | 苦郎树属

Volkameria inermis L.

形态特征 攀缘状灌木，直立或平卧，高可达 2 m。叶对生，卵形、椭圆形或椭圆状披针形、卵状披针，顶端钝尖，基部楔形或宽楔形，全缘，两面都散生黄色细小腺点。聚伞花序着生于叶腋或枝顶叶腋，花香；花萼钟状，顶端微 5 裂或在果时几平截，萼管长约 7 mm；花冠白色，顶端 5 裂，花冠管长 2～3 cm，远长于花萼。核果倒卵形。花果期 3～12 月。

生　　境 常生于海岸沙滩和潮汐能到达的地方。

主要分布 广东深圳市、珠海市、汕头市、湛江市（徐闻县）、茂名市（信宜市）、肇庆市、江门市（台山市）、惠州市（博罗县）、汕尾市（陆丰市）、阳江市、东莞市、中山市、云浮市（郁南县）有野生。

苦槛蓝 玄参科 | 苦槛蓝属

Pentacoelium bontioides Siebold & Zucc.

形态特征　常绿灌木，高 1~2 m。茎直立，多分枝。叶互生，稍多汁，狭椭圆形、椭圆形至倒披针状椭圆形，先端急尖或短渐尖，常具小尖头，边缘全缘，基部渐狭。聚伞花序具 2~4 朵花，或为单花，腋生；花萼 5 深裂；花冠漏斗状钟形，5 裂，白色，有紫色斑点。核果卵球形，熟时紫红色。花期 4~6 月，果期 5~7 月。

生　　境　生于海滨潮汐带以上沙地或多石地灌丛中。

主要分布　广东珠海市、湛江市（廉江市、遂溪县）、江门市（台山市）有野生。

阔苞菊 菊科 | 阔苞菊属

Pluchea indica（L.）Less.

形态特征 灌木。茎直立，高 2～3 m。下部叶倒卵形或阔倒卵形，稀椭圆形，基部渐狭呈楔形，顶端浑圆、钝或短尖，中部和上部叶无柄，倒卵形或倒卵状长圆形，基部楔尖，顶端钝或浑圆，边缘有较密的细齿或锯齿。头状花序径 3～5 mm，花序梗密被卷短柔毛；总苞有缘毛，背面通常被短柔毛。瘦果圆柱形，有 4 棱。花期全年。

生　　境 半红树植物。常生于海滨沙地或近潮水的空旷地。

主要分布 广东广州市、深圳市、珠海市、湛江市（徐闻县）、茂名市、汕尾市（海丰县）、阳江市、东莞市、中山市有野生。

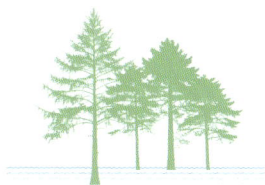

参考文献

宋柱秋，叶文，董仕勇，等，2023.广东省高等植物多样性编目和分布数据集[J]. 生物多样性(9)：23177.

王瑞江，2021.广东湿地植物[M].郑州：河南科学技术出版社.

王瑞江，2022.广东高等植物红色名录[M].郑州：河南科学技术出版社.

中国科学院华南植物园，1987—2019.广东植物志[M].广州：广东科学技术出版社.

中国植物志编辑委员会.1959—2004.中国植物志[M].北京：科学出版社.

附 表

广东珍稀濒危湿地植物

序号	中文名	别名	学名	科名	性状	濒危等级	保护等级
1	中华水韭		*Isoëtes sinensis* Palmer	水韭科	直立草本	RE	国家一级
2	水蕨		*Ceratopteris thalictroides*（L.）Brongn.	凤尾蕨科	直立草本	VU	国家二级
3	焕镛水蕨		*Ceratopteris chunii* Y. H. Yan	凤尾蕨科	直立草本	CR	国家二级
4	尖叶卤蕨		*Acrostichum speciosum* Willd.	凤尾蕨科	直立草本	CR	
5	水松		*Glyptostrobus pensilis*（Staunton ex D. Don）K. Koch	柏科	乔木	CR	国家一级
6	莼菜		*Brasenia schreberi* J.F. Gmel.	莼菜科	浮叶草本	CR	国家二级
7	中华萍蓬草		*Nuphar pumila*（Timm）DC. sinensis（Hand.-Mazz.）Padgett	睡莲科	浮叶草本	CR	
8	睡莲	茈碧莲	*Nymphaea tetragona* Georgi	睡莲科	浮叶草本	CR	省级
9	旋苞棒花		*Cryptocoryne crispatula* Engl.	天南星科	沉水草本	RE	
10	广西隐棒花		*Cryptocoryne crispatula* var. *balansae*（Gagnep.）N. Jacobsen	天南星科	沉水草本	CR	
11	北越隐棒花		*Cryptocoryne crispatula* var. *tonkinensis*（Gagnep.）N. Jacobsen	天南星科	沉水草本	EN	
12	宽叶泽薹草		*Caldesia grandis* Sam.	泽泻科	直立草本	CR	
13	矮慈姑		*Sagittaria pygmaea* Miq.	泽泻科	直立草本	VU	
14	无尾水筛		*Blyxa aubertii* Rich.	水鳖科	沉水草本	VU	
15	有尾水筛		*Blyxa echinosperma*（C. B. Clarke）Hook. f.	水鳖科	沉水草本	VU	
16	水筛		*Blyxa japonica*（Miq.）Maxim. ex Asch. & Gürke	水鳖科	沉水草本	VU	
17	贝克喜盐草		*Halophila beccarii* Asch.	水鳖科	沉水草本	VU	
18	喜盐草		*Halophila ovalis*（R. Br.）Hook. f.	水鳖科	沉水草本	VU	
19	虾子草	虾子菜	*Nechamandra alternifolia*（Roxb.）Thwaites	水鳖科	沉水草本	EN	
20	龙舌草	水车前	*Ottelia alismoides*（L.）Pers.	水鳖科	沉水草本	EN	国家二级
21	水蒄	田干草	*Aponogeton lakhonensis* A. Camus	水蒄科	浮叶草本	VU	
22	眼子菜		*Potamogeton distinctus* A. Benn.	眼子菜科	浮叶草本	VU	

（续）

序号	中文名	别名	学名	科名	性状	濒危等级	保护等级
23	光叶眼子菜		*Potamogeton lucens* L.	眼子菜科	沉水草本	VU	
24	浮叶眼子菜		*Potamogeton natans* L.	眼子菜科	浮叶草本	VU	
25	南方眼子菜		*Potamogeton octandrus* Poir.	眼子菜科	沉水草本	VU	
26	小眼子菜		*Potamogeton pusillus* L.	眼子菜科	沉水草本	VU	
27	竹叶眼子菜（马来眼子菜）	马来眼子菜	*Potamogeton wrightii* Morong	眼子菜科	沉水草本	VU	
28	篦齿眼子菜		*Stuckenia pectinata*（L.）Börner	眼子菜科	沉水草本	VU	
29	针叶藻		*Syringodium isoetifolium*（Asch.）Dandy	丝粉藻科	沉水草本	VU	
30	香根草		*Chrysopogon zizanioides*（L.）Roberty	禾本科	直立草本	CR	
31	水禾		*Hygroryza aristata*（Retz.）Nees	禾本科	浮叶草本	RE	国家二级
32	药用野生稻		*Oryza officinalis* Wall. ex Watt	禾本科	直立草本	CR	国家二级
33	普通野生稻	野生稻	*Oryza rufipogon* Griff.	禾本科	直立草本	CR	国家二级
34	扯根菜		*Penthorum chinense* Pursh	扯根菜科	直立草本	EN	
35	华南飞瀑草		*Cladopus austrosinensis* Mak. Kato & Y. Kita	川苔草科	沉水草本	CR	国家二级
36	四子柳		*Salix tetrasperma* Roxb.	杨柳科	乔木	EN	
37	银叶树		*Heritiera littoralis* Dryand.	锦葵科	乔木	VU	
38	榄李		*Lumnitzera racemosa* Willd.	使君子科	常绿灌木或小乔木	EN	
39	玉蕊		*Barringtonia racemosa*（L.）Spreng.	玉蕊科	乔木	EN	
40	细果野菱		*Trapa incisa* Siebold & Zucc.	千屈菜科	漂浮草本	RE	国家二级
41	欧菱		*Trapa natans* L.	千屈菜科	漂浮草本	EN	
42	猪笼草		*Nepenthes mirabilis*（Lour.）Druce	猪笼草科	攀缘藤本	VU	省级
43	茶菱		*Trapella sinensis* Oliv.	车前科	浮叶草本	RE	
44	海南草海桐		*Scaevola taccada*（Gaertn.）Roxb.	草海桐科	草本	EN	
45	小荇菜		*Nymphoides coreana*（H. Lév.）Hara	睡菜科	浮叶草本	EN	
46	水皮莲		*Nymphoides cristata*（Roxb.）Kuntze	睡菜科	浮叶草本	VU	
47	金银莲花		*Nymphoides indica*（L.）Kuntze	睡菜科	浮叶草本	VU	

注：本表中的濒危等级主要依据《广东高等植物红色名录》。

中文名索引

学名索引